西北旱区生态水利学术著作丛书

混凝土面板的徐变损伤特性及开裂行为研究

李炎隆　卜　鹏　温立峰　著

科学出版社

北　京

内 容 简 介

本书结合室内试验、理论分析及数值模拟等研究方法，阐述混凝土徐变损伤发展机理，构建混凝土徐变损伤耦合模型，模拟荷载持续作用下混凝土面板的应力变形特性；通过引入水化度和等效龄期，准确分析混凝土面板温度场和温度应力场的发展规律，研究混凝土面板裂缝的发展；探究不同拉应力、裂缝比值、网格密度、初始裂缝倾角等因素对混凝土面板裂缝扩展过程的影响。

本书可供从事水工混凝土材料长期性能研究的专家学者及水利水电工程设计、施工和运行管理的工程技术人员参考，也可作为高等院校相关专业师生的参考书。

图书在版编目（CIP）数据

混凝土面板的徐变损伤特性及开裂行为研究 / 李炎隆，卜鹏，温立峰著. —北京：科学出版社，2021.11

（西北旱区生态水利学术著作丛书）

ISBN 978-7-03-070217-3

Ⅰ. ①混… Ⅱ. ①李…②卜…③温… Ⅲ. ①混凝土面板—开裂—研究 Ⅳ. ①TU375.2

中国版本图书馆 CIP 数据核字（2021）第 214960 号

责任编辑：祝 洁／责任校对：杨 赛
责任印制：张 伟／封面设计：迷底书装

科学出版社 出版

北京东黄城根北街 16 号
邮政编码：100717
http://www.sciencep.com

北京厚诚则铭印刷科技有限公司印刷
科学出版社发行 各地新华书店经销

*

2021 年 11 月第 一 版 开本：720×1000 1/16
2023 年 5 月第三次印刷 印张：14 3/4 插页：4
字数：300 000

定价：128.00 元
（如有印装质量问题，我社负责调换）

总 序 一

水资源作为人类社会赖以延续发展的重要要素之一，主要来源于以河流、湖库为主的淡水生态系统。这个占据着少于 1%地球表面的重要系统虽仅容纳了地球上全部水量的 0.01%，但却给全球社会经济发展提供了十分重要的生态服务，尤其是在全球气候变化的背景下，健康的河湖及其完善的生态系统过程是适应气候变化的重要基础，也是人类赖以生存和发展的必要条件。人类在开发利用水资源的同时，对河流上下游的物理性质和生态环境特征均会产生较大影响，从而打乱了维持生态循环的水流过程，改变了河湖及其周边区域的生态环境。如何维持水利工程开发建设与生态环境保护之间的友好互动，构建生态友好的水利工程技术体系，成为传统水利工程发展与突破的关键。

构建生态友好的水利工程技术体系，强调的是水利工程与生态工程之间的交叉融合，由此生态水利工程的概念应运而生，这一概念的提出是新时期社会经济可持续发展对传统水利工程的必然要求，是水利工程发展史上的一次飞跃。作为我国水利科学的国家级科研平台，西北旱区生态水利工程省部共建国家重点实验室培育基地(西安理工大学)是以生态水利为研究主旨的科研平台。该平台立足我国西北旱区，开展旱区生态水利工程领域内基础问题与应用基础研究，解决若干旱区生态水利领域内的关键科学技术问题，已成为我国西北地区生态水利工程领域高水平研究人才聚集和高层次人才培养的重要基地。

《西北旱区生态水利学术著作丛书》作为重点实验室相关研究人员近年来在生态水利研究领域内代表性成果的凝炼集成，广泛深入地探讨了西北旱区水利工程建设与生态环境保护之间的关系与作用机理，丰富了生态水利工程学科理论体系，具有较强的学术性和实用性，是生态水利工程领域内重要的学术文献。丛书的编纂出版，既是对重点实验室研究成果的总结，又对今后西北旱区生态水利工程的建设、科学管理和高效利用具有重要的指导意义，为西北旱区生态环境保护、水资源开发利用及社会经济可持续发展中亟待解决的技术及政策制定提供了重要的科技支撑。

中国科学院院士 王光谦

2016年9月

总 序 二

近 50 年来全球气候变化及人类活动的加剧,影响了水循环诸要素的时空分布特征,增加了极端水文事件发生的概率,引发了一系列社会-环境-生态问题,如洪涝、干旱灾害频繁,水土流失加剧,生态环境恶化等。这些问题对于我国生态本底本就脆弱的西北地区而言更为严重,干旱缺水(水少)、洪涝灾害(水多)、水环境恶化(水脏)等严重影响着西部地区的区域发展,制约着西部地区作为"一带一路"桥头堡作用的发挥。西部大开发水利要先行,开展以水为核心的水资源-水环境-水生态演变的多过程研究,揭示水利工程开发对区域生态环境影响的作用机理,提出水利工程开发的生态约束阈值及减缓措施,发展适用于我国西北旱区河流、湖库生态环境保护的理论与技术体系,确保区域生态系统健康及生态安全,既是水资源开发利用与环境规划管理范畴内的核心问题,又是实现我国西部地区社会经济、资源与环境协调发展的现实需求,同时也是对"把生态文明建设放在突出地位"重要指导思路的响应。

在此背景下,作为我国西部地区水利学科的重要科研基地,西北旱区生态水利工程省部共建国家重点实验室培育基地(西安理工大学)依托其在水利及生态环境保护方面的学科优势,汇集近年来主要研究成果,组织编纂了《西北旱区生态水利学术著作丛书》。该丛书兼顾理论基础研究与工程实际应用,对相关领域专业技术人员的工作起到了启发和引领作用,对丰富生态水利工程学科内涵、推动生态水利工程领域的科技创新具有重要指导意义。

在发展水利事业的同时,保护好生态环境,是历史赋予我们的重任。生态水利工程作为一个新的交叉学科,相关研究尚处于起步阶段,期望以该丛书的出版为契机,促使更多的年轻学者发挥其聪明才智,为生态水利工程学科的完善、提升做出自己应有的贡献。

中国工程院院士

2016年9月

总 序 三

我国西北干旱地区地域辽阔、自然条件复杂、气候条件差异显著、地貌类型多样，是生态环境最为脆弱的区域。20 世纪 80 年代以来，随着经济的快速发展，生态环境承载负荷加大，遭受的破坏亦日趋严重，由此导致各类自然灾害呈现分布渐广、频次显增、危害趋重的发展态势。生态环境问题已成为制约西北旱区社会经济可持续发展的主要因素之一。

水是生态环境存在与发展的基础，以水为核心的生态问题是环境变化的主要原因。西北干旱生态脆弱区由于地理条件特殊，资源性缺水及其时空分布不均的问题同时存在，加之水土流失严重导致水体含沙量高，对种类繁多的污染物具有显著的吸附作用。多重矛盾的叠加，使得西北旱区面临的水问题更为突出，急需在相关理论、方法及技术上有所突破。

长期以来，在解决如上述水问题方面，通常是从传统水利工程的逻辑出发，以人类自身的需求为中心，忽略甚至破坏了原有生态系统的固有服务功能，对环境造成了不可逆的损伤。老子曰"人法地，地法天，天法道，道法自然"，水利工程的发展绝不应仅是工程理论及技术的突破与创新，而应调整以人为中心的思维与态度，遵循顺其自然而成其所以然之规律，实现由传统水利向以生态水利为代表的现代水利、可持续发展水利的转变。

西北旱区生态水利工程省部共建国家重点实验室培育基地（西安理工大学）从其自身建设实践出发，立足于西北旱区，围绕旱区生态水文、旱区水土资源利用、旱区环境水利及旱区生态水工程四个主旨研究方向，历时两年筹备，组织编纂了《西北旱区生态水利学术著作丛书》。

该丛书面向推进生态文明建设和构筑生态安全屏障、保障生态安全的国家需求，瞄准生态水利工程学科前沿，集成了重点实验室相关研究人员近年来在生态水利研究领域内取得的主要成果。这些成果既关注科学问题的辨识、机理的阐述，又不失在工程实践应用中的推广，对推动我国生态水利工程领域的科技创新，服务区域社会经济与生态环境保护协调发展具有重要的意义。

中国工程院院士

2016年9月

前　　言

　　混凝土面板堆石坝是以堆石体为支撑结构，在其上游表面浇筑混凝土面板作为防渗结构的坝型，鉴于其对地形、地质和气候条件具有良好的适应性，在世界范围内得到了广泛应用。我国西部地区水电资源丰富，开发利用的过程中，一批混凝土面板堆石坝在该地区的河流上相继建设，但由于复杂的地形和地质条件、频繁且烈度较高的地震活动，以及特殊的气候环境等特点，混凝土面板堆石坝的安全稳定问题也日益突出。

　　混凝土面板作为堆石坝的主要防渗结构，是保障堆石坝正常运行的重要防线。一旦混凝土面板产生裂缝并扩展直至贯穿，库水就会贯穿混凝土面板不断渗入堆石体，导致堆石料被水流带走而脱空，使大坝的整体安全受到威胁，因此混凝土面板的防裂工作是混凝土面板堆石坝建设过程中的关键问题。在混凝土面板堆石坝漫长的运行期内，作为一种长度较长、宽度较小，而厚度很小的长条形薄板，混凝土面板会由于温度变化、高水压力及堆石体变形等外力的持续作用，产生高结构应力、温度应力和干缩应力等，混凝土面板内部各区域会产生不同程度的损伤，严重区域甚至会发生开裂破坏。同时，由于混凝土面板的损伤和开裂是一个复杂的非线性问题，且影响因素众多，目前还没有全面、科学、合理的措施改善此问题。因此，深入研究混凝土面板的徐变损伤特性和开裂行为，可为混凝土面板裂缝防治提供理论参考，对于面板堆石坝的建设具有重要科学意义和应用价值。

　　本书通过室内试验、理论分析及数值模拟相结合的方法，探究混凝土面板的徐变损伤发展特性；引入水化度和等效龄期概念，准确模拟温度场下混凝土面板裂缝的发展过程；同时，研究水压力作用下裂缝的扩展规律和过程，进一步阐述混凝土面板的破坏机理。本书各章内容相互联系，又具有一定的独立性，可为相关研究提供借鉴。

　　本书部分实例分析及试验工作是由研究生王璟、陈俊豪、张敬华、王军忠、李文旭、邱文协助完成的，向他们表示诚挚的感谢！

　　在本书的撰写过程中，西安理工大学水利水电学院水利水电工程系众多老师提供了宝贵意见，在此也向他们表示衷心的感谢！

本书的研究工作得到国家自然科学基金优秀青年科学基金项目"水工结构静动力性能分析与控制"(编号：51722907)、国家自然科学基金面上项目"基于人工智能的高面板堆石坝应力变形预测分析研究"(编号：51979224)和西安理工大学博士创新基金(编号：252072020)的资助，在此表示感谢！

由于作者水平和经验所限，书中难免存在不足之处，希望广大读者批评指正，也欢迎业内人士共同探讨。

作　者

2021 年 5 月于西安

目　　录

彩图

第1章 绪　　论

1.1　研究背景及意义

混凝土面板堆石坝(concrete face rockfill dam，CFRD)具有良好的适应性、安全性和经济性，在国内外得到广泛应用，是坝工建设的首选坝型[1-5]。目前，世界已建混凝土面板堆石坝近 400 座[6]，我国的数量最多，占总量的近一半。世界已建典型面板堆石坝包括我国湖北省水布垭面板堆石坝(坝高 233m，目前世界最高)、湖南省三板溪面板堆石坝(坝高 185.5m)、贵州省洪家渡面板堆石坝(坝高 179.5m)、广西壮族自治区天生桥一级面板堆石坝(坝高 178m)、四川省紫坪铺面板堆石坝(坝高 156m)和新疆维吾尔自治区吉林台面板堆石坝(坝高 157m)等，以及马来西亚 Bakun 面板堆石坝(坝高 205m)、墨西哥 Aguamilpa 面板堆石坝(坝高 187m)、巴西 Barra Grande 面板堆石坝(坝高 185m)和 Campos Novos 面板堆石坝(坝高 202m)、冰岛 Karahnjukar 面板堆石坝(坝高 198m)等。面板堆石坝的建设正在向超高坝发展，坝高由 200m 级向 300m 级跨越。我国在交通不便、土料匮乏、石料丰富的高山峡谷地区，规划建设了多座超高(300m 级)混凝土面板堆石坝[7-9]，如古水、如美、马吉及茨哈峡混凝土面板堆石坝。这些超高混凝土面板堆石坝的建设通常面临复杂地形/地质条件、高地震烈度等恶劣条件的挑战。大坝一旦遭到破坏，不仅会造成重大的经济损失，对下游形成的次生灾害还将对人民生命财产造成难以估量的损失。

混凝土面板堆石坝以堆石体作为支撑结构，承担着向下游堆石体传递水压及大坝防渗的重任，是面板堆石坝设计、施工、运行管理过程中最关键的对象，对大坝的安全运行起着决定性作用。从空间结构看，混凝土面板的长度较长、宽度较小、厚度很小，是一块长条形的薄板，属于薄壁结构。在水压、堆石体变形、温度变化、冻融等外部作用引起的结构应力、温度应力、干缩应力作用下，面板容易发生损伤，甚至开裂破坏。国内外混凝土面板堆石坝工程实例表明，面板普遍存在损伤或开裂性状，个别工程面板损伤开裂严重，对大坝结构安全构成了严重威胁[10-14]。例如，我国公伯峡面板堆石坝水位波动区面板产生竖向裂缝；天生桥一级面板堆石坝和水布垭面板堆石坝面板在垂直接缝处均产生不同程度的挤压破坏；紫坪铺面板堆石坝经历超设计标准地震后产生面板挤压破坏、错台和脱空等震损现象；墨西哥 Aguamilpa 面板堆石坝面板中下部产生贯通的横向裂缝；

巴西 Barra Grande 和 Campos Novos 面板堆石坝均产生不同程度面板结构性裂缝或挤压破坏。工程实践表明，混凝土面板的损伤和开裂问题已成为影响工程安全的关键问题，关系到混凝土面板堆石坝建设的重大基础性和普遍性的核心问题，如何采取合理措施改进和避免面板开裂或压损破坏的发生是面板堆石坝建设中面临的最关键技术难题。

近年来，国内外学者围绕面板防裂问题陆续开展了系列研究工作。但由于混凝土面板损伤和开裂是一个复杂的非线性问题，加上面板堆石坝变形机理复杂、影响因素众多，目前已有研究成果对面板损伤和开裂问题的认识远不能达到科学、全面、系统的水平。因此，研究混凝土面板的徐变损伤特性及开裂行为，揭示其细观损伤与宏观开裂机理，可以为混凝土面板堆石坝的建设和运行提供理论基础，具有重要科学意义和应用价值。

1.2　研　究　进　展

1.2.1　混凝土徐变特性研究

徐变变形是指材料因荷载的长期作用而产生持续变形，一般可达到 2～4 倍弹性变形，进行混凝土结构设计时，须充分考虑徐变变形对于混凝土结构的影响[15]。大量试验研究表明，混凝土的徐变变形行为与其承受的持续荷载水平密切相关。

Smadi 等[16]针对高、中、低三种不同强度等级的混凝土试件，分别进行了不同水平荷载持续作用的徐变试验研究。结果表明，对于中、低两种强度等级的混凝土而言，线性徐变与非线性徐变的临界荷载水平约为混凝土抗压强度的 45%，对于高强度等级的混凝土，线性徐变与非线性徐变的临界荷载水平约为混凝土抗压强度的 65%，并且在同一水平荷载持续作用下，混凝土徐变变形与强度等级呈负相关。Lee 等[17]针对四种不同配合比的混凝土试件，分别施加了 0.1 倍、0.2 倍、0.3 倍及 0.4 倍混凝土抗压强度的持续荷载，观测混凝土试件的基本徐变及收缩徐变。研究结果表明，混凝土的徐变变形与承受持续荷载水平不呈正比关系。Maia 等[18]研究了加载龄期及荷载水平对高强度自密实混凝土徐变变形行为的影响，进行了为期 600d，作用荷载为 30%抗压强度，加载龄期分别为 12h、16h、20h、24h、48h 及 72h 的徐变试验，针对 12h 及 24h 还增设了作用荷载为 20%及 40%抗压强度的对照组，并与 Eurocode 2 模型预测结果进行了比较。研究结果表明，应力与应变是非线性关系，应变的增长远高于应力的增长，并且荷载水平越高，Eurocode 2 模型预测结果的误差也越大。Rossi 等[19]研究了作用荷载分别为 30%、50%及 70% 混凝土 28d 抗压强度时的徐变特性。研究发现，在高水平荷载持续作用下，混凝土的徐变变形是非线性的，并通过混凝土内部微裂缝演变机理解释了这一特性。

Hamed[20]针对混凝土圆柱体试件研究了混凝土非线性徐变特性，分别监测了圆柱体试件在单轴持续压缩荷载分别为 30%、50%、60% 及 70%混凝土抗压强度下的徐变变形，并测试了各组徐变对混凝土抗压强度的影响，发现了混凝土徐变变形与持续荷载水平存在明显的非线性关系，且荷载水平越高，对混凝土抗压强度的影响也就越大。

在我国，李兆霞[21]研究了混凝土分别在 34%、43%、51%、60% 及 70%抗压强度下的徐变变形。结果表明，随着持续荷载水平的提高，徐变变形与持续荷载水平不再线性相关。之后又进行了混凝土分别在 83%、85% 及 90%抗压强度下的徐变破坏试验。结果表明，在高荷载水平持续作用下，混凝土试件最终会发生破坏，荷载水平越高，试件破坏时间也就越短。王德法等[22]针对混凝土试件进行了不同水平荷载持续作用的轴拉试验。结果表明，当持续荷载水平较低时，混凝土徐变速率逐渐降低，最终趋于稳定；而当持续荷载水平较高时，混凝土徐变变形会不断增加，最终发生破坏。杨杨等[23]针对早龄期高强混凝土，分别进行了水灰比为 0.3、0.4、0.5，加载龄期为 12h、18h、1d、3d、7d 及加载应力强度比为 20%、30%、40%等组合的拉伸徐变试验，探究了混凝土在不同试验条件下的拉伸徐变特性。结果表明，当加载龄期为 12h 及 18h 时，混凝土拉伸徐变与持续荷载水平不呈线性相关关系；而当加载龄期为 1d、3d、7d 时，混凝土拉伸徐变与持续荷载水平呈线性相关关系。吴韶斌[24]通过弯拉及单轴压缩徐变试验，研究了混凝土在不同荷载水平作用下的徐变特性，并发现了混凝土徐变随着荷载水平的提高存在明显的非线性相关关系，最终提出混凝土内部损伤的发展是导致徐变非线性的主要原因。刘凯[25]针对混凝土梁进行了四点弯曲徐变试验，研究了混凝土梁在不同试验条件下的弯曲试验特性。结果表明，混凝土梁的徐变变形速率与荷载水平呈正相关关系。

综上所述，混凝土的徐变变形与持续荷载水平呈现明显的非线性相关关系，这是混凝土的徐变变形是徐变和损伤共同作用的结果。目前，人们对多因素作用下混凝土徐变特性和徐变-损伤耦合机理的认识不足，因此深入探究混凝土徐变与损伤的相互作用是十分必要的。

1.2.2 混凝土损伤特性研究

目前，针对混凝土损伤特性的相关研究主要从试验检测和理论分析两个方面展开。

无损检测技术可以在不改变混凝土结构内部结构的前提下对结构内部的损伤进行检测，具有检测精度高、可反复对结构进行检测等多方面优点，因此该技术是当前混凝土损伤特性检测最常用的方法之一[26-29]。无损检测技术主要分为超声波检测技术[30-33]、冲击回波法[34,35]、声发射(acoustic emission，AE)技术[36-39]等。

其中，由于声发射技术具有可实时监测混凝土材料内部损伤演化规律，且对监测结构的形状要求较低的优点，被广泛应用于混凝土结构劣化的检测中[40-43]。众多学者利用声发射技术对混凝土内部损伤进行了一系列研究。1959 年，Rusch[44]首次对混凝土材料循环受压后的声发射信号进行了研究，并证实只有历史应力水平小于 80%极限应力时，才存在明显的 Kaiser 效应，即声发射具有一定的不可逆性。Sagar 等[45]对含有预制裂缝的水泥砂浆试件和混凝土试件分别进行了三点弯曲试验，并通过释放的声发射信号研究试件的断裂过程，最终得出结论，基于声发射技术的 b 值分析法可准确识别损伤的发展。Colombo 等[46]采用 b 值分析法对钢筋混凝土梁抗弯试验过程中的声发射信号进行处理，发现 b 值的变化与钢筋混凝土梁的破坏过程具有良好的契合性。Suzuki[47]针对混凝土试件的芯样进行单轴压缩试验，并采集了试验过程中的声发射信号，进而定量分析了试验过程中混凝土试件损伤的发展。Abdelrahman 等[48]基于声发射能量累计参数，提出了一种修正损伤参数，并通过试验论证了该修正损伤参数的变化与预应力混凝土梁的损伤程度存在密切关系。Prosser[49]提出了一种声发射模型，该模型具有良好的噪声控制性能。Shield[50]采用三点梁弯曲试验论证了声发射事件率与裂缝发生的相关性。目前，声发射技术作为一种检测技术，已广泛应用于材料退化程度及各种系统健康状况的评价中，如桥梁疲劳裂缝的检测与定位[51,52]、隧道衬砌的稳定性监测[53,54]、混凝土梁板的检测[55,56]。

在理论分析方面，科研工作者对混凝土材料微裂缝的发展过程做了大量研究，并且建立了相关损伤模型及演变方程。20 世纪 50 年代，Kachanov[57]先使用连续变量对受损材料力学性能变化的连续性进行了描述，为损伤力学的发展奠定了一定的理论基础。20 世纪 80 年代，Dougill 等[58]首次将损伤理论应用到了混凝土的研究中。Wittmann 等[59]在混凝土微观结构方面开展了研究。结果表明，在加载前，混凝土中已存在大量微缺陷、微裂缝等初始损伤。欧进萍等[60]和朱劲松等[61]通过混凝土疲劳试验揭示了混凝土疲劳损伤的发展规律，进而构建了混凝土疲劳损伤模型。吕培印等[62,63]基于损伤力学理论及边界面概念，建立了混凝土双压疲劳损伤模型，并根据连续损伤理论，构建了混凝土单轴拉-压疲劳损伤模型。李正等[64]对已有的混凝土弹性损伤模型进行了修正，更加准确地描述混凝土在循环荷载作用下的受拉行为。李同春等[65]构建了混凝土四参数等效应变损伤模型，以准确描述混凝土在复杂应力条件下的损伤本构关系。傅强等[66]开展了混凝土三轴压缩试验和三轴蠕变试验，根据试验结果推求了表征混凝土损伤特性的统计损伤参数，并基于 Burgers 流变模型构建了混凝土蠕变统计损伤模型。白卫峰等[67,68]基于试验现象及统计损伤理论，考虑了混凝土断裂及屈服两种损伤模式，构建了双轴拉-压应力状态下的混凝土损伤本构模型，并从各指标定量分析了混凝土双轴拉-压应力状态下的损伤机制。针对材料内部微裂缝的产生和扩展，以及材料破坏过程和发展规律等方面的研究，验证了损伤力学理论具有良好的适应性[69]。因此，损伤力学是研究混凝土材料损伤特性和破坏机理的有效方法。目前，学者们从试验检测方面较为有效地揭示了混凝土材料的损伤特性，也从理论角度尝试建立描述混凝土材料损伤特性的数学模型。然而，长期荷载作用下混凝土损伤机理复杂，特别是混凝土面板结构的损伤演化更加难以确定。揭示长期荷载作用下混凝土材料及混凝土面板结构损伤规律，建立徐变损伤耦合模型是需要进一步探索的重要研究方向。

1.2.3 混凝土面板开裂研究

在自重和水压力作用下，堆石体容易出现过大和不均匀沉降，使得面板与垫层部分接触面出现脱空，可能导致混凝土面板出现裂缝。同时，由于施工技术及自身特性等，混凝土内部可能形成微裂缝、微空洞等初始缺陷，在外界水流的渗透、侵蚀、冲刷和磨损作用下，其内部可能产生较多的贯穿裂缝及表面裂缝，从而影响混凝土面板的使用寿命[70]。混凝土面板中不稳定裂缝的存在对面板堆石坝的安全存在巨大威胁[71]。

混凝土面板裂缝通常可以分两类：一类是随机分布的微裂缝，决定混凝土的抗压强度和抗拉强度；另一类是宏观裂缝，导致混凝土的力学性质呈现各向异性特性。混凝土面板的开裂实质上是微裂缝萌生、扩展、贯通直至变成宏观裂缝，进而导致面板开裂破坏的过程。大量学者针对混凝土面板裂缝的扩展规律及模拟方法开展了一系列研究。Jin 等[72]基于分离裂缝模型，采用传统的有限元方法模拟了混凝土面板的开裂过程，获得了混凝土面板开裂过程中的应力分布演化规律，但对于裂缝扩展过程移动中非连续问题的模拟，分离裂缝模型需要通过不断调整有限元网格，以适应演化的非连续界面，加大了模拟的复杂性。众多学者采用弥散裂缝模型模拟混凝土面板的开裂过程及裂缝的分布形态，然而弥散裂缝模型无法避免其近似位移场中非连续位移模式缺失而导致的应力锁死问题[73-75]。Jirásek[76]通过嵌入强化的假定应变对非连续面进行空间定位，避免了分离裂缝模型中需要预先设定非连续界面的问题，一定程度上更加准确地模拟了混凝土面板裂缝的分布形态。但是，嵌入式裂缝模型是基于单元水平的，对于非连续场的近似描述在单元间通常是不协调的。

为了弥补有限元法在模拟裂缝扩展过程中的不足，扩展有限元法(extended finite element method，XFEM)被提出，它以有限元法的形函数为一组单位分解函数，通过引入非连续位移模式来描述非连续位移场[77]。Belytschko 等[78]针对裂缝扩展问题，最早提出了采用独立网格划分的有限元计算方法，即在裂缝尖端上使用裂缝近场位移解描述裂缝扩展问题，为扩展有限元法的形成奠定理论基础。随后，Dolbow 等[79]通过引入尖端和近尖端函数研究了混凝土面板的裂缝扩展过程，并获得了裂缝尖端强度因子的分布及演进规律。Bhardwaja 等[80]将 XFEM 和几何分析相结合，预测了混凝土面板的疲劳寿命和裂缝演化规律，研究了界面裂缝的应力强度因子，一定程度上揭示了混凝土面板裂缝的形成机理。为了克服 XFEM 难以适用于各类有限元软件平台的问题，方修君等[81]提出了一种预设虚节点法，并在大型有限元软件 ABAQUS 上开发了 XFEM 功能，实现了混凝土面板裂缝扩展的连续—非连续过程的模拟。

混凝土面板的破裂会导致周围水注入混凝土中，而注入水会沿裂缝表面产生孔隙压力，从而影响混凝土面板的变形和裂缝扩展。水压力作用是混凝土开裂的核心影响因素。Slowik 等[82]研究了裂缝的突然封闭效应，即在裂缝突然封闭过程中，裂缝中被困的水会起到楔子的作用，并在混凝土试样中形成一定的拉应力，从而促使其他裂缝的产生。Forth 等[83]对带有预制裂缝的钢筋混凝土梁进行了水压试验，结果表明，将静水压力引入开放的初始裂缝后，拉伸钢筋水平的挠度和应变会立即增加。徐世烺等[84]通过楔入拉伸试验，研究了混凝土试件裂缝在 4 种不同等级水压作用下的扩展过程，并通过将钢板与混凝土裂缝的表面相黏合的方法获得了持久的水压力，但忽略了密封装置对混凝土力学性能的影响。Wang 等[85]进行了混凝土在水压环境下的动态压缩力学性能试验研究，结果表明，水分和应变率对混凝土的强度和破坏模式有显著影响。Chen 等[86]在不同水压和加载速率条件下对混凝土进行了楔形劈裂试验研究，结果表明，加载速率在水压分布和裂缝扩展中起主导作用。Cui 等[87,88]对静水压力作用下的混凝土进行了模型试验和仿真模拟，结果表明，在混凝土试样内部，特别是在孔隙周围区域，以及骨料与砂浆之间存在显著的偏应力。

国内外学者针对混凝土面板的开裂特性开展了大量研究，然而，混凝土面板开裂影响因素众多，其中温度和水压力是最为核心的两个影响因素。目前，坝工建设中主要关注混凝土坝温度裂缝的研究，对混凝土面板的温度裂缝及数值仿真方法研究较少。此外，虽然部分学者对水压力作用下混凝土面板结构内部裂缝的产生和扩展过程开展研究，但是对堆石坝混凝土面板裂缝扩展演化规律的认识仍然较为有限，对水压力作用下混凝土内部裂缝扩展过程的准确模拟仍面临着重要挑战。

1.3 本书主要内容

本书共 6 章，主要讨论混凝土面板的徐变损伤特性及开裂行为，揭示混凝土面板的细观损伤及宏观开裂机理，为保障混凝土面板堆石坝安全运行提供理论支撑。

第 1 章简要介绍研究背景及意义，并总结混凝土徐变损伤特性及混凝土面板开裂的研究进展。

第 2 章采用室内试验的方法，从声发射与冲击回波法中选择检测荷载持续作用下混凝土内部损伤最佳方法；考虑混凝土成型过程中其内部会存在微缺陷等初始损伤，研究轴压荷载作用下，含不同初始损伤混凝土的损伤特性，并研究高荷载持续作用下混凝土非线性徐变的内在机理。

第 3 章首先考虑混凝土徐变与损伤的耦合作用，基于统计损伤理论引入损伤变量，建立混凝土徐变损伤耦合模型，并编制相应的计算程序；其次，开展不同水平荷载持续作用下的混凝土徐变损伤计算，探究不同水平荷载持续作用下混凝土徐变损伤的发展规律；最后，研究某面板堆石坝运行期内混凝土面板的应力变形特性及徐变损伤发展规律。

第 4 章基于热传导理论和弹性徐变理论，引入水化度和等效龄期的概念，编制温度场及温度应力场计算子程序，对比分析水化度及等效龄期对混凝土面板温度场及温度应力场的影响，并进一步研究混凝土面板温度裂缝的分布规律及扩展过程。

第 5 章比较不同计算方法、裂缝深度和网格密度对面板裂缝尖端 K_I 的影响，确定合理的网格密度和计算方法，从而模拟水压力作用下混凝土面板裂缝的扩展过程；并采用 XFEM 研究水压力作用下混凝土面板不同初始裂缝倾角的开裂扩展过程、多条初始裂缝的相互干扰作用，以及水力裂缝与微裂缝的相交特征；最后，通过室内试验对含不同初始裂缝倾角混凝土的破坏形态及裂缝扩展形态进行分析，进一步阐述混凝土面板裂缝的扩展机理。

第 6 章总结本书主要内容，并对今后的研究方向进行展望。

参 考 文 献

[1] 郦能惠, 杨泽艳. 中国混凝土面板堆石坝的技术进步[J]. 岩土工程学报, 2012, 34(8): 1361-1368.

[2] 邓铭江, 于海鸣, 李湘权. 新疆坝工技术进展[J]. 岩土工程学报, 2010, 32(11): 1678-1687.

[3] 徐泽平, 邓刚. 高面板堆石坝的技术进展及超高面板堆石坝关键技术问题探讨[J]. 水利学报, 2008, 39(10): 1226-1234.

[4] SHERARD J L, COOKE J B. Concrete-face rockfill dam: Ⅰ. assessment[J]. Journal of Geotechnical Engineering. 1987, 113(10):1096-1112.

[5] COOKE J B, SHERARD J L. Concrete-face rockfill dam: Ⅱ. design[J]. Journal of Geotechnical Engineering, 1987, 113(10): 1113-1132.

[6] 徐泽平. 混凝土面板堆石坝关键技术与研究进展[J]. 水利学报, 2019, 50(1): 62-74.

[7] 钮新强. 高面板堆石坝安全与思考[J]. 水力发电学报, 2017, 36(1): 104-111.

[8] 郦能惠, 王君利, 米占宽, 等. 高混凝土面板堆石坝变形安全内涵及其工程应用[J]. 岩土工程学报, 2012, 34(2): 193-201.

[9] 郦能惠, 孙大伟, 李登华, 等. 300m级超高面板堆石坝变形规律的研究[J]. 岩土工程学报, 2009, 31(2): 155-160.

[10] CHEN Q, ZHANG L M. Three-dimensional analysis of water infiltration into the Gouhou rockfill dam using saturated-unsaturated seepage theory[J]. Canadian Geotechnical Journal, 2006, 43(5): 449-461.

[11] JIA J S, XU Y, HAO J T, et al. Localizing and quantifying leakage through CFRDs[J]. Journal of Geotechnical and Geoenvironmental Engineering, 2016, 142(9): 06016007.

[12] 王子健, 刘斯宏, 李玲君, 等. 公伯峡面板堆石坝面板裂缝成因数值分析[J]. 水利学报, 2014, 45(3): 343-350.

[13] 宋胜武, 蔡德文. 汶川大地震紫坪铺混凝土面板堆石坝震害现象与变形监测分析[J]. 岩石力学与工程学报, 2009, 28(4): 840-849.

[14] 陈生水, 霍家平, 章为民. "5.12" 汶川地震对紫坪铺混凝土面板坝的影响及原因分析[J]. 岩土工程学报, 2008, 30(6): 795-801.

[15] 方辉, 沈蒲生. 徐变效应的位移分析法[J]. 湖南大学学报(自然科学版), 2006, 33(4): 12-15.

[16] SMADI M M, SLATE F O, NILSON A H. Shrinkage and creep of high-, medium-, and low-strength concretes, including overloads[J]. ACI Materials Journal, 1987, 84(3): 224-234.

[17] LEE Y, YI S T, KIM M S, et al. Evaluation of a basic creep model with respect to autogenous shrinkage[J]. Cement and Concrete Research, 2006, 36(7): 1268-1278.

[18] MAIA L, FIGUEIRAS J. Early-age creep deformation of a high strength self-compacting concrete[J]. Construction and Building Materials, 2012, 34: 602-610.

[19] ROSSI P, TAILHAN J L, LE MAOU F. Creep strain versus residual strain of a concrete loaded under various levels of compressive stress[J]. Cement and Concrete Research, 2013, 51(9): 32-37.

[20] HAMED E. Non-linear creep effects in concrete under uniaxial compression[J]. Magazine of Concrete Research, 2015, 67(16): 876-884.

[21] 李兆霞. 高压应力作用下混凝土的徐变和徐变破坏[J]. 河海大学学报, 1988, 16(1): 105-108, 125.

[22] 王德法, 张浩博. 轴拉荷载下混凝土徐变性能的研究[J]. 西安交通大学学报, 2000, 34(3): 95-98.

[23] 杨杨, 许四法, 叶德艳, 等. 早龄期高强混凝土拉伸徐变特性[J]. 硅酸盐学报, 2009, 37(7): 1124-1129.

[24] 吴韶斌. 长期持续荷载下的混凝土徐变破坏研究[D]. 重庆: 重庆交通大学, 2013.

[25] 刘凯. 混凝土构件徐变数值分析[D]. 青岛: 山东科技大学, 2017.

[26] 彭永恒, 宋凤立. 混凝土无损检测技术的发展与应用[J]. 大连民族学院学报, 2003, 5(3): 52-54.

[27] 魏世昌. 桥梁混凝土超声波检测技术在桩基检测中的应用分析[J]. 华东公路, 2016 (4): 10-12.

[28] 董桂华. 超声波检测混凝土内部孔洞尺寸研究[J]. 黄河水利职业技术学院学报, 2016, 28(1): 24-27.

[29] 周先雁, 肖云风. 用超声波法和冲击回波法检测钢管混凝土质量的研究[J]. 中南林学院学报, 2006, 26(6): 44-48.

[30] LESLIC J R, CHEESEMAN W J. An ultrasonic method of studying deterioration and cracking in concrete structures[J]. ACI Materials Journal, 1949, 46(2): 17-36.

[31] 闫国亮, 赵庆新. 含水率对受损混凝土超声波波速的影响[J]. 无损检测, 2009, 31(1): 48-49.

[32] 田玉滨, 黄涛, 刘佳, 等. 受冲击作用混凝土损伤性能试验研究[J]. 建筑结构学报, 2014, 35(S1): 58-64.

[33] 逯静洲, 林皋, 王哲, 等. 混凝土经历三向受压荷载历史后强度劣化及超声波探伤方法的研究[J]. 工程力学, 2002, 19(5): 52-57.

[34] 宁建国, 黄新, 曲华, 等. 冲击回波法检测混凝土结构[J]. 中国矿业大学学报, 2004, 33(6): 703-707.

[35] 孙其臣, 吕小彬, 岳跃真, 等. 冲击回波法检测水工混凝土耐久性的试验研究[J]. 振动与冲击, 2014, 33(8): 196-201.

[36] SCRUBY C B, BALDWIN G R, STACEY K A. Characterisation of fatigue crack extension by quantitative acoustic emission[J]. International Journal of Fracture, 1985, 28(4): 201-222.

[37] VELEZ W, MATTA F, ZIEHL P. Acoustic emission monitoring of early corrosion in prestressed concrete piles[J]. Structural Control and Health Monitoring, 2015, 22(5): 873-887.

[38] VERSTRYNGE E, LACIDOGNA G, ACCORNERO F, et al. A review on acoustic emission monitoring for damage detection in masonry structures[J]. Construction and Building Materials, 2021, 268: 121089.

[39] LI H, LIU Y J, ZHANG N. Non-linear distributions of bond-slip behavior in concrete-filled steel tubes by the acoustic emission technique[J]. Structures, 2020, 28: 2311-2320.

[40] NOORSUHADA M N. An overview on fatigue damage assessment of reinforced concrete structures with the aid of acoustic emission technique[J]. Construction and Building Materials, 2016, 112:424-439.

[41] SAGAR V R. A parallel between earthquake sequences and acoustic emissions released during fracture process in reinforced concrete structures under flexural loading[J]. Construction and Building Materials, 2016, 114: 772-793.

[42] OHNO K, OHTSU M. Crack classification in concrete based on acoustic emission[J]. Construction and Building Materials, 2010, 24(12): 2339-2346.

[43] FARID UDDIN A K M, NUMATA K, SHIMASAKI J, et al. Mechanisms of crack propagation due to corrosion of reinforcement in concrete by AE-SiGMA and BEM[J]. Construction and Building Materials, 2004, 18(3): 181-188.

[44] RUSCH H. Physical problems in the testing of concrete[J]. Zement Kalk Gips, 1959, 12(1): 1-9.

[45] SAGAR R V, PRASAD B K R, KUMAR S S. An experimental study on cracking evolution in concrete and cement mortar by the b-value analysis of acoustic emission technique[J]. Cement and Concrete Research, 2012, 42(8): 1094-1104.

[46] COLOMBO S, FORDE M C, MAIN I G, et al. AE energy analysis on concrete bridge beams[J]. Material and Structures, 2005, 38(9): 851-856.

[47] SUZUKI T. Damage evaluation in concrete materials by acoustic emission[J]. Civil and Structural Engineering, 2015, 30: 1-14.

[48] ABDELRAHMAN M, ELBATANOUNY M. K, ZIEHL P H. Acoustic emission based damage assessment method for prestressed concrete structure: Modified index of damage[J]. Engineering Structures, 2014, 60: 258-264.

[49] PROSSER W H. Advanced AE technique in composite materials research[J]. Journal of Acoustic Emission, 1996, 14(3-4): S1-S11.

[50] SHIELD C K. Comparison of acoustic emission activity in reinforced and prestressed concrete beams under bending[J]. Construction and Building Materials, 1997, 11(3): 189-194.

[51] YUYAMA S, LI Z W, ITO Y, et al. Quantitative analysis of fracture process in RC column foundation by moment tensor analysis of acoustic emission[J]. Construction and Building Materials, 1999, 13(1-2): 87-97.

[52] BAYANE I, BRUHWILER E. Structural condition assessment of reinforced-concrete bridges based on acoustic emission and strain measurements[J]. Journal of Civil Structural Health Monitoring, 2020, 10(5): 1037-1055.

[53] MORTON T M, HARRINGTON R M, BJELETICH J G. Acoustic emissions of fatigue crack growth[J]. Engineering Fracture Mechanics, 1973, 5(3): 691-697.

[54] SUZUKI T , OGATA H , TAKADA R , et al. Use of acoustic emission and X-ray computed tomography for damage evaluation of freeze-thawed concrete[J]. Construction and Building Materials, 2010, 24(12): 2347-2352.

[55] TSANGOURI E, REMY O, BOULPAEP F, et al. Structural health assessment of prefabricated concrete elements using acoustic emission: Towards an optimized damage sensing tool[J]. Construction and Building Materials, 2019,

206: 261-269.

[56] SUZUKI T, OHTSU M. Quantitative damage evaluation of structural concrete by a compression test based on AE rate process analysis[J]. Construction and Building Materials, 2004, 18(3): 197-202.

[57] KACHANOV L M. Time of the rupture process under creep conditions[J]. Izvestiia Akademii Nauk SSSR, Otdelenie Teckhnicheskikh Nauk, 1958, 8: 26-31.

[58] DOUGILL J, RIDA M. Further consideration of progressively fracturing solids[J]. Journal of the Engineering Mechanics Division, 1980, 106(5): 1021-1038.

[59] WITTMANN F H, ROELFSTRA P E, SADOUKI H. Simulation and analysis of composite structures[J]. Materials Science and Engineering, 1985, 68 (2): 239-248.

[60] 欧进萍, 林燕清. 混凝土高周疲劳损伤的性能劣化试验研究[J]. 土木工程学报, 1999, 32(5): 15-22.

[61] 朱劲松, 宋玉普, 肖汝诚. 混凝土疲劳特性与疲劳损伤后等效单轴本构关系[J]. 建筑材料学报, 2005, 8(6): 609-614.

[62] 吕培印, 李庆斌, 张立翔. 定侧压混凝土双压疲劳损伤模型[J]. 工程力学, 2004, 21(5): 77-82.

[63] 吕培印, 李庆斌, 张立翔. 混凝土拉-压疲劳损伤模型及其验证[J]. 工程力学, 2004, 21(3): 162-167.

[64] 李正, 李忠献. 一种修正的混凝土弹性损伤本构模型及其应用[J]. 工程力学, 2011, 28(8): 145-150.

[65] 李同春, 杨志刚. 混凝土变参数等效应变损伤模型[J]. 工程力学, 2011, 28(3): 118-122.

[66] 傅强, 谢友均, 龙广成, 等. 混凝土三轴蠕变统计损伤模型研究[J]. 工程力学, 2013, 30(10): 205-210, 218.

[67] 白卫峰, 张树珺, 管俊峰, 等. 混凝土正交各向异性统计损伤本构模型研究[J]. 水利学报, 2014, 45(5): 607-618.

[68] 白卫峰, 孙胜男, 管俊峰, 等. 基于统计损伤理论的混凝土双轴拉-压本构模型研究[J]. 应用基础与工程科学学报, 2015, 23(5): 873-885.

[69] 丁发兴, 余志武, 欧进萍. 混凝土单轴受力损伤本构模型[J]. 长安大学学报(自然科学版), 2008, 28(4): 70-73.

[70] 杨广安. 关于混凝土面板堆石坝面板裂缝处理技术的研究[J]. 科技与企业, 2013(20): 221.

[71] 李宗才. 大体积混凝土裂缝控制与工程应用[D]. 青岛: 青岛理工大学, 2014.

[72] JIN W C, ARSON C. XFEM to couple nonlocal micromechanics damage with discrete mode I cohesive fracture[J]. Computer Methods in Applied Mechanics and Engineering, 2019, 357: 112617.

[73] AGHAJANZADEH S M, MIRZABOZORG H. Concrete fracture process modeling by combination of extended finite element method and smeared crack approach[J]. Theoretical and Applied Fracture Mechanics, 2019, 101: 306-319.

[74] PIROOZNIA A, MORADLOO A. Investigation of size effect and smeared crack models in ordinary and dam concrete fracture tests[J]. Engineering Fracture Mechanics, 2020, 226: 106863.

[75] 龙渝川, 张楚汉, 周元德. 基于弥散与分离裂缝模型的混凝土开裂比较研究[J]. 工程力学, 2008, 25(3): 80-84.

[76] JIRÁSEK M. Comparative study on finite elements with embedded discontinuities[J]. Computer Methods in Applied Mechanics and Engineering, 2000, 188(1-3): 307-330.

[77] GAJJAR M, PATHAK H, KUMAR S. Elasto-plastic fracture modeling for crack interaction with XFEM[J]. Transactions of the Indian Institute of Metals, 2020, 73(6): 1679-1687.

[78] BELYTSCHKO T, BLACK T. Elastic crack growth in finite elements with minimal remeshing[J]. International Journal for Numerical Method in Engineering, 1999, 45(5): 601-620.

[79] DOLBOW J, MOES N, BELYTSCHKO T. Modeling fracture in Mindlin-Reissner plates with the extended finite element method[J]. International Journal of Solids and Structures, 2000, 37(48): 7161-7183.

[80] BHARDWAJA G, SINGH S K, SINGH I V, et al. Fatigue crack growth analysis of an interfacial crack in heterogeneous materials using homogenized XIGA[J]. Theoretical and Applied Fracture Mechanics, 2016, 85: 294-319.

[81] 方修君, 金峰. 基于 ABAQUS 平台的扩展有限元法[J]. 工程力学, 2007, 24(7): 6-10.

[82] SLOWIK V, SAOUMA V E. Water pressure in propagating concrete cracks[J]. Journal of Structural Engineering, 2000, 126: 235-242.

[83] FORTH J P, HIGGINS L, NEVILLE A, et al. Response of reinforced concrete beams to hydrostatic pressure acting within primary cracks[J]. Materials and Structures, 2014, 47(9): 1545-1557.

[84] 徐世烺, 王建敏. 水压作用下大坝混凝土裂缝扩展与双 K 断裂参数[J]. 土木工程学报, 2009, 42(2): 119-125.

[85] WANG Q F, LIU Y H, PENG G. Effect of water pressure on mechanical behavior of concrete under dynamic compression state[J]. Construction and Building Materials, 2016, 125: 501-509.

[86] CHEN X C, DU C B, YOU M Y, et al. Experimental study on water fracture interactions in concrete[J]. Engineering Fracture Mechanics, 2017, 179: 314-327.

[87] CUI J, HAO H, SHI Y C, et al. Experimental study of concrete damage under high hydrostatic pressure[J]. Cement and Concrete Research, 2017, 100: 140-152.

[88] CUI J, HAO H, SHI Y C. Study of concrete damage mechanism under hydrostatic pressure by numerical simulations[J]. Construction and Building Materials, 2018, 160: 440-449.

第2章　混凝土徐变及损伤相互作用试验研究

2.1　引　　言

混凝土是一种由级配骨料、水泥、砂浆及孔隙等组成的不均匀材料,广泛应用于工程中,但其内部结构复杂,且具有多尺度性和独特的物理力学性质,因此也是一种特殊的天然缺陷材料。水工混凝土构筑物的工作条件通常比较复杂,导致其内部不可避免的会产生一定程度的损伤,而损伤是影响结构安全性、服役年限重要的因素之一[1]。我国已建混凝土结构水利工程中,因运行环境复杂、运行年限及结构本身初始缺陷等原因,部分结构出现了不同程度的损伤,有的甚至影响整个工程的安全。尽管部分混凝土结构外部表面基本完好,但其内部已存在不同程度的损伤,若不能提前制订处理方案并进行相应的处置,可能造成严重的后果[2]。因此,开展混凝土材料损伤特性研究具有重要的科学意义和应用价值。

在荷载持续作用下,混凝土的变形量与时间之间具有明显的函数关系,随着时间的推移,混凝土变形会持续发展,这种随时间增长的变形称之为徐变变形[3,4]。水工混凝土结构在水压力、自重等荷载持续作用下,不可避免地会产生徐变变形。大量研究结果表明,持续荷载水平对混凝土材料的徐变变形具有重要的影响。徐变变形与混凝土损伤之间存在强非线性关系,徐变变形将进一步促使损伤的演化发展,进而导致混凝土损伤力学性能的劣化[5]。因此,开展混凝土结构在荷载持续作用下损伤与徐变相互作用试验研究具有重要的意义。

考虑到混凝土在成型过程中内部会产生不同程度的初始损伤(微缺陷)[6],本章首先比选冲击回波法及声发射法对损伤检测的效果;其次,研究在持续压缩荷载作用下不同初始损伤对徐变变形的影响,以及徐变过程中混凝土内部损伤的演化规律,从而为实际水利工程中混凝土结构的损伤演变及徐变发展的预测提供一定的理论基础。

2.2　混凝土无损检测方法比选

2.2.1　混凝土无损检测方法基本原理

1. 冲击回波法

冲击回波法的主要原理是在结构物表面施加机械冲击来产生冲击弹性波，主要包括：纵波(P 波)、横波(S 波)和表面波(R 波)，产生的弹性波在结构内部传播，当遇到边界面和缺陷时会产生反射，因弹性波反射而导致的面位移会被放置在冲击点附近的信号接收传感器采集，并将采集到的信号通过最大熵法(maximum entropy method，MEM)转化为频域信号，通过频域分析可确定出弹性波在结构内部的传播速度[7]。弹性波在混凝土构件内传播时，当遇到有明显声阻抗差异的分界面时，会发生反射、绕射和折射现象，若混凝土结构内部存在孔洞、裂缝等缺陷，应力波则会绕过缺陷并传播至混凝土结构边界面，导致传播距离加大，从而使得传播时间延长。最终，通过分离出结构边界面反射的信号，确定结构边界面反射信号的传播时长(反射周期)，再根据结构物厚度可间接确定弹性波在混凝土内部的传播速度(表观波速)，从而反映混凝土内部损伤的程度。冲击回波法测试混凝土内部传播速度的推算公式为[8]

$$V_p = 2Lf = 2L / \Delta T \tag{2.1}$$

式中，V_p——冲击弹性波波速，m/s;

　　　L——混凝土结构厚度计算值，m;

　　　f——底部边界面反射频率，Hz;

　　　ΔT——由 MEM 频谱分析的底部边界面反射周期，s。

2. 声发射法

1) 声发射原理

声发射是指当结构或材料受到荷载作用时，局部地方因应力集中而发生变形和断裂，导致应变能以应力波的方式被释放出来的现象。声发射作为一种很常见的现象，当释放的应变能较大时，会产生人耳可听到的声音；但若应变能比较小时，就需借助声发射采集仪等电子设备进行提取。

声发射检测系统原理如图 2.1 所示。当混凝土试件受到荷载作用时，材料内部损伤点逐渐增多合并，损伤点的应变能以应力波的方式被释放，同时穿过混凝土材料和耦合剂，并被安装在混凝土试件表面的传感器接收，传感器接收到的信号被放大器放大，并传送至由声发射信号分析仪及电脑组成的系统予以保存，以便后续进行相应的分析处理[9]。对检测到的声发射信号进行分析，即可得到声发射源的位置、性质、发生时间及破损程度等信息。

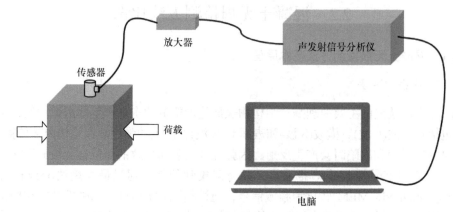

图 2.1　声发射检测系统原理图

2) 声发射信号特征参数

目前，常采用特征参数对声发射信号进行分析。特征参数是简化的波形方法，通过提取波形中的相关特征参数，并对这些特征参数进行处理分析，即可得到声发射发生源的信息。图 2.2 是声发射信号简化波形参数的定义。常用的声发射信号特征参数包括撞击和撞击计数、事件计数、幅度、能量、振铃计数、持续时间、上升时间和有效值电压。声发射信号特征参数含义及用途见表 2.1。

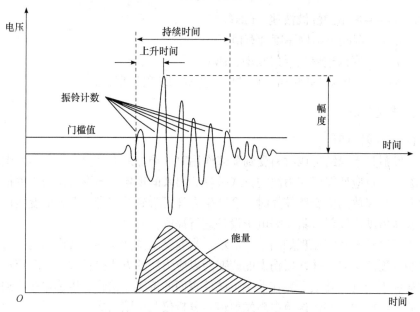

图 2.2　声发射信号简化波形参数的定义[10]

表 2.1　声发射信号特征参数含义及用途[10]

特征参数	含义	特点和用途
撞击和撞击计数	越过设定门槛值, 使某信道采集到一次信号称作一个撞击; 可分为计数率与总计数	可对声发射的活动频率及数量进行反映, 进而对材料的损伤变化程度进行评价
事件计数	材料一次的局部变化, 由一个或多个撞击分析得到; 可分为计数率与总计数	可对声发射事件的频率及数量进行反映, 进而对材料内部声发射源的活性及集中度进行评价
幅度	信号波形振幅的最大值	主要用于声发射信号强度、衰减及波源类型分析
能量	声发射信号检测波包络线以下的面积	可反映声发射事件的相对能量强度
振铃计数	越过设定门槛值信号的上升次数, 可分为计数率和总计数	可用于对声发射活动活性的分析
持续时间	信号首次越过设定门槛值到最终降至设定门槛值以下所用的时间	常用于较特殊波源以及噪声的鉴别
上升时间	信号首次越过设定门槛值到振幅最大处所用的时间	常用于对噪声的鉴别
有效值电压	采集时间段内, 信号的均方根值	主要应用于对连续声发射活动的活性评价

3) 检测门槛及定时参数设置

对于检测门槛, 多以门槛值(dB)来衡量。门槛值设置较低时, 系统能够获取较多信息, 但是会接收到更多的环境噪声, 从而使测试结果受到影响。门槛值设定较高时, 会过滤掉较多有用的信号, 也会使测试结果受到影响。因此, 在对门槛值设定时, 要全面考虑环境噪声及传感器检测灵敏度的影响[10]。门槛值设定与适用范围见表 2.2。在实际应用中, 多将门槛值设定为 35~55dB, 本试验考虑实验室内的实测噪声, 将门槛值设置为 45dB。

表 2.2　门槛值设定与适用范围[11]

门槛值/dB	适用范围
25~35	检测灵敏度较高, 主要应用于高衰减性材料和基础性的研究
35~55	主要应用于结构材料的无损检测
55~65	检测灵敏度较低, 主要在有较强噪声的环境中应用

定时参数是撞击信号在测量过程中的控制参数, 包括峰值鉴别时间(peak definition time, PDT)、撞击鉴别时间(hit definition time, HDT)和撞击锁闭时间(hit lockout time, HLT)。

文献[12]中给出了金属及复合材料定时参数的建议值, 但不同材料内部声发射传播特征的差异很大。例如，相较于金属材料，声发射信号在岩石和混凝土等材料中衰减得更快，因此首先要通过断铅试验中多次断芯信号的平均上升时间和持续时间进一步确定三个定时参数(PDT、HDT 及 HLT)。PDT 通常取多次断芯信号平均上升时间的 1.5 倍，HDT 一般取持续时间的 1.5 倍左右，HLT 的取值可比HDT 稍大。

2.2.2　试验方案设计

1. 试验原材料及配合比

①水泥：采用某水泥厂生产的标号为 42.5 的硅酸盐水泥，水泥的物理力学性能指标见表 2.3；②粉煤灰：采用Ⅱ级粉煤灰，粉煤灰的性能指标见表 2.4；③细骨料：采用细度模数为 2.5，粒径为 0.25～0.5mm 的中砂；④粗骨料：采用 5～20mm连续级配的卵石；⑤水：采用西安市自来水。混凝土的配合比见表 2.5。

表 2.3　水泥的物理力学性能指标

标准稠度用水量/%	密度/(g/cm³)	安定性	初凝时间/终凝时间/(min/min)	3d 抗折强度/MPa	28d 抗折强度/MPa	3d 抗压强度/MPa	28d 抗压强度/MPa
26.0	3.01	合格	208/260	3.5	6.5	16.0	42.5

表 2.4　粉煤灰的性能指标

含水率/%	密度/(kg/m³)	细度/%	烧失量/%	比表面积/(m²/kg)	需水量/%	活性指数/% 7d	活性指数/% 28d
0.8	2.78	16.7	7.2	621	97	46	65.2

表 2.5　混凝土的配合比

水胶比	用水量/(kg/m³)	水泥用量/(kg/m³)	粉煤灰掺量/(kg/m³)	细骨料用量/(kg/m³)	粗骨料用量/(kg/m³)
0.45	170	300	76	610	1227

2. 试件制作

试验采用普通混凝土试件进行，试件尺寸为 100mm×100mm×100mm(长×宽×高)。在拌和之前需将搅拌机内壁清洗干净，并预拌少量砂浆，使搅拌机内壁适当挂浆，然后将按配合比配好的混凝土原材料依次加入搅拌机搅拌 2～3min，随后将拌和物倾倒在铁板上，再人工拌和 2～3 次使之均匀。装模前，需将模具内壁擦拭干净，并涂抹适量脱模剂，拌和物装入模具后需用频率 50Hz 的振动台振动 20～30s，振动结束后抹平，以最终成型。静置 24h 后拆模，并将混凝土试件放置在温度为 20℃±5℃，相对湿度为 95%以上的标准条件下养护 28d 后进行试验。混凝土试件制作过程见图 2.3 所示。

(a) 装模　　　　　　　　　　　　　(b) 抹平

(c) 成型

图 2.3　混凝土试件制作过程

3. 试验设备

采用 WAW-1000C 微机电液伺服万能试验机测定混凝土试件的抗压强度，如图 2.4 所示。试验机最大轴向力为 1000kN，试验力精度为±1%，试验力分辨率为 1/180000。采用混凝土多功能无损检测仪(仪器型号为 SCE-MATS-S)进行弹性波波速测量，如图 2.5 所示。采用 DS2-8 声发射仪采集声发射信号。

4. 试验步骤

共设置 10 组试件，每组试件分别含有 3 个试件。其中，1 组试件用以测定本批混凝土试件的抗压强度；7 组试件通过预加荷载的方式，对各种混凝土试件引入不同程度的初始损伤；剩余 2 组试件加持续荷载，分别用冲击回波法与声发射监测其内部损伤的发展，在荷载持续作用下通过比较选择，测定混凝土内部损伤发展较合适的监测方法。

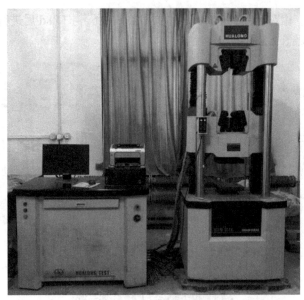

图 2.4 WAW-1000C 微机电液伺服万能试验机

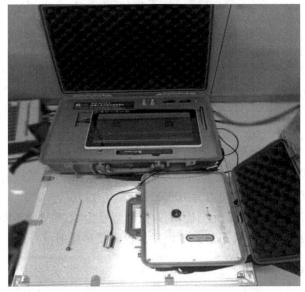

图 2.5 混凝土多功能无损检测仪(SCE-MATS-S)

1) 混凝土试件抗压强度测定

从养护箱取出 1 组备测的试件，将表面清擦干净并在室内晾置 0.5h，去除试块边沿多余的裸露部分。将试件的侧面轻放于试验机压板正中间位置，以防出现偏压现象而影响试验结果。连接电源，启动伺服万能试验机，打开测试软件，显示测试桌面后设定相关的试验参数，采用荷载加载，加载速度为 0.3MPa/s，正式加载前进行预加荷载，用以消除试件与压板之间的间隙，测试得到的数据导入 Excel 进行保存。在试验过程中，单个试件测试值与每组试件的平均值允许差值为±15%，超过时应将该试件测试值剔除，并补充新的试件进行测定。

2) 弹性波波速测定

采用冲击回波法测定 7 组混凝土试件引入损伤前的弹性波波速，测定时选取试件一个表面测定弹性波在其内部的传播速度，采用钢球直径为 10mm 的激振锤敲击激振点，并通过振动信号拾取装置提取测试表面中心受信点的激振信号。弹性波波速测定测点布置如图 2.6 所示，沿测试表面对角线距离受信点 30mm 选取 4 个点为激振点，每个激振点最少激振三次，且保证每个激振点至少有两个有效数据，保存数据，后期利用分析软件进行分析。

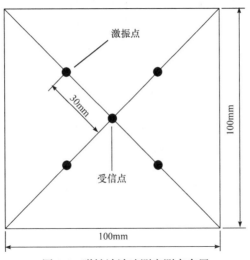

图 2.6　弹性波波速测定测点布置

3) 引入损伤

通过伺服万能试验机预加荷载的方式给上述 7 组混凝土试件内部引入一定的损伤，预加载荷载 S_i 分别取混凝土破坏荷载 S_c 的 30%、40%、50%、60%、70%、80%、90%，记 S_i 与 S_c 的比值为 S_r。引入损伤时，以 0.1MPa/s 的速度连续、均匀地加载，达到设计荷载且保持 3min 后卸载。

4) 引入损伤后弹性波波速及抗压强度测定

采用冲击回波法测定引入了不同损伤的 7 组试件的弹性波波速，并分别对其进行单轴抗压试验，以测定混凝土试件引入不同损伤后的抗压强度。

5) 荷载持续作用下混凝土试件损伤发展监测

取 2 组试件，分别采用自制徐变仪给试件加 $0.5S_c$ 和 $0.6S_c$ 的持续荷载，荷载作用时长为 10d。每隔一天用冲击回波法测定通过试件内部弹性波波速，同时用声发射信号分析仪持续监测混凝土内部的声发射信号。

2.2.3　结果分析

1. 试验结果

通常，可采用荷载作用前后混凝土抗压强度劣化程度来定义损伤变量[5,13]，表示为

$$D_s = \frac{f_c - f_h}{f_c} \tag{2.2}$$

式中，D_s——混凝土抗压强度劣化程度；

f_c——预加荷载前混凝土试件的抗压强度，MPa；

f_h——预加荷载后混凝土试件的抗压强度，MPa。

试验过程中，测定预加荷载前后混凝土内部的弹性波波速，则定义弹性波波速降低程度为

$$D_v = \frac{V_0 - V_h}{V_0} \tag{2.3}$$

式中，D_v——预加荷载前后弹性波波速降低程度；

V_0——预加荷载前弹性波的波速，km/s；

V_h——预加荷载后弹性波的波速，km/s。

对混凝土试件预加荷载前后的抗压强度和弹性波波速进行测定，并根据式(2.2)和式(2.3)计算预加荷载前后各组试件抗压强度劣化程度 D_s 及弹性波波速降低程度 D_v，见表 2.6。

表 2.6　预加荷载前后各组试件抗压强度劣化程度及弹性波波速降低程度

S_r/%	试验数	f_h/MPa	(f_c-f_h)/MPa	D_s/%	V_0/(km/s)	V_h/(km/s)	(V_0-V_h)/(km/s)	D_v/%
	1	21.50	-1.50	-7.50	3.78	3.73	0.05	1.32
	2	19.00	1.00	5.00	3.68	3.72	-0.04	-1.09
30	3	19.60	0.40	2.00	3.70	3.69	0.01	0.27
	平均值	20.03	-0.03	-0.17	3.72	3.71	0.01	0.17
	1	19.80	0.20	1.00	3.79	3.74	0.05	1.32
	2	20.30	-0.30	-1.50	3.67	3.68	-0.01	-0.27
40	3	19.20	0.80	4.00	3.78	3.77	0.01	0.26
	平均值	19.77	0.23	1.17	3.75	3.73	0.02	0.44

续表

S_r/%	试验数	f_h/MPa	(f_c-f_h)/MPa	D_s/%	V_0/(km/s)	V_h/(km/s)	(V_0-V_h)/(km/s)	D_v/%
50	1	18.40	1.60	8.00	3.76	3.14	0.62	16.49
	2	19.00	1.00	5.00	3.62	3.02	0.60	16.57
	3	17.40	2.60	13.00	3.75	3.13	0.62	16.53
	平均值	18.27	1.73	8.67	3.71	3.10	0.61	16.53
60	1	18.00	2.00	10.00	3.77	2.92	0.85	22.55
	2	17.80	2.20	11.00	3.84	3.01	0.83	21.61
	3	17.00	3.00	15.00	3.74	2.93	0.81	21.66
	平均值	17.60	2.40	12.00	3.78	2.95	0.83	21.94
70	1	16.20	3.80	19.00	3.79	2.72	1.07	28.23
	2	17.00	3.00	15.00	3.75	2.70	1.05	28.00
	3	17.00	3.00	15.00	3.90	2.79	1.11	28.46
	平均值	16.73	3.27	16.33	3.81	2.74	1.08	28.23
80	1	16.10	3.90	19.50	3.71	2.41	1.30	35.04
	2	15.80	4.20	21.00	3.84	2.44	1.40	36.46
	3	15.60	4.40	22.00	3.73	2.48	1.25	33.51
	平均值	15.83	4.17	20.83	3.76	2.44	1.32	35.00
90	1	15.20	4.80	24.00	3.73	2.23	1.50	40.21
	2	14.30	5.70	28.50	3.75	2.34	1.41	37.60
	3	15.00	5.00	25.00	3.71	2.29	1.42	38.27
	平均值	14.83	5.17	25.83	3.73	2.29	1.44	38.69

2. 混凝土强度变化分析

不同水平预加荷载后混凝土抗压强度降低值见图 2.7。

根据表 2.6 和图 2.7 可以看出，当 S_r 低于 40% 时，预加荷载后混凝土抗压强度变化不明显。当 S_r 为 50% 时，混凝土的抗压强度降低值较大，f_c-f_h 为 1.73MPa，损伤变量 D_s 为 8.67%，并且随着预加荷载水平的进一步提高，混凝土的抗压强度降低值在不断提高，且大致呈线性变化。当经历 90% 预加荷载后，混凝土的抗压强度降低值为 5.17MPa，损伤变量 D_s 为 25.83%。

当 S_r 小于 40% 时，由于混凝土试件还处于弹性变形阶段，荷载作用并不能使混凝土产生损伤，预加荷载后，混凝土抗压强度并没有发生明显变化。当预加荷载较高，S_r 大于 50% 时，混凝土材料内部的微裂缝、微缺陷发生扩展，导致混凝土内部损伤增大，且预加荷载越大，扩展程度越高。此时，宏观表现为混凝土抗

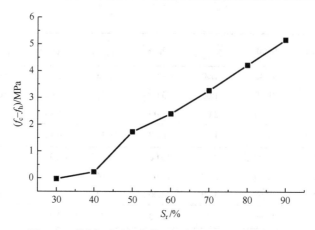

图 2.7　不同水平预加荷载后混凝土抗压强度降低值

压强度较预加荷载前出现一定的削弱，且损伤程度越高，抗压强度劣化程度越大。因此，混凝土材料的损伤可以用抗压强度劣化程度来定义。

3. 混凝土弹性波波速变化分析

在材料配合比、龄期、属性、尺寸相同的条件下，也可通过弹性波在材料内传播时长(弹性波波速)变化来判断混凝土内部损伤程度。弹性波在材料内部传播时，传播时长与材料的内部特征有很大关系。荷载作用后，由于混凝土内部微裂缝、微缺陷的扩展，内部裂缝变多，声波在传播过程中遇到这些裂缝时会绕过裂缝传播，延长了声波在材料内部的传播时长，从而使传播速度降低。

针对预加 $0.6S_c$ 荷载的混凝土试件，采用 MEM 分析加载前后的弹性波信号，可得 MEM 解析卓越周期图如图 2.8 所示。

从图 2.8(a)和(b)可以看出，对同一个试件来说，同时刻状态下各点依次敲击的信号解析分布基本相同。从图 2.8(c)和(d)可以看出，预加荷载前只有一个主要峰值，说明此状态下混凝土试件内部完整性较好，没有其他反射面，仅有的一个主要峰值是由混凝土试件底部边界面的反射信号解析而成。而在预加荷载后主要峰值明显增多，此时不但有底部边界面的反射信号，还因混凝土内部损伤扩展形成的反射面反射的信号，抽取最后一个主要峰值的周期时长为底部边界面反射信号的周期。可以看出，与加载前相比，加载后底部边界面反射信号的反射周期加长，因此卓越周期图主要峰值数量的增多和底部边界面反射信号的周期加长均可视为混凝土试件内部产生损伤的依据。从图 2.8 可以看出，预加荷载前的传播时长是 0.053ms，预加荷载后的传播时长是 0.069ms。由于试件厚度为 100mm，根据式(2.1)计算可得，损伤前后弹性波波速分别是 3.77km/s 和 2.90km/s，进一步验证了混凝土试件内部损伤的产生。

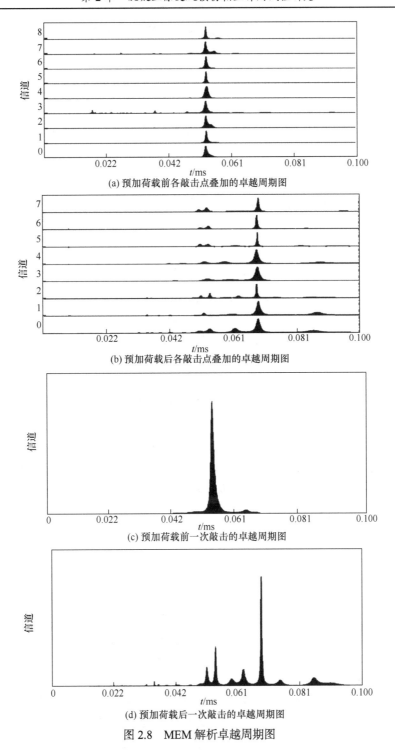

(a) 预加荷载前各敲击点叠加的卓越周期图

(b) 预加荷载后各敲击点叠加的卓越周期图

(c) 预加荷载前一次敲击的卓越周期图

(d) 预加荷载后一次敲击的卓越周期图

图 2.8　MEM 解析卓越周期图

图 2.9 为不同水平预加荷载后混凝土弹性波波速降低值。

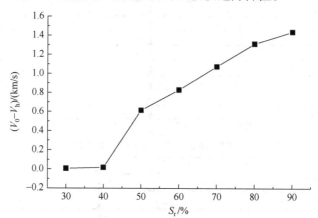

图 2.9　不同水平预加荷载后混凝土弹性波波速降低值

根据图 2.7 和图 2.9 可以看出，预加荷载后弹性波波速降低值的变化规律与预加荷载后抗压强度降低值的变化规律基本相同。在 S_r 为 30%和 40%时，预加荷载后的弹性波波速基本没有变化。当 S_r 提高到 50%时，预加荷载后弹性波波速降低值为 0.614km/s，且随着 S_r 的提高，预加荷载后弹性波波速降低值逐渐增大。

当小于 $40\%S_c$ 荷载作用后，由于混凝土试件内部微小裂缝和缺陷基本没有扩展，波速也较预加荷载前没有明显变化；而当大于 $50\%S_c$ 荷载作用后，荷载作用使得混凝土内部的微小裂缝和缺陷扩展，材料内部损伤加大，导致弹性波波速明显降低。证明了弹性波波速对混凝土内部微裂缝、微缺陷的扩展非常敏感，并且与混凝土内部损伤具有很好的相关性，主要表现为弹性波波速降低值随混凝土损伤程度的增大而增大。

4. 混凝土弹性波波速降低程度与抗压强度劣化程度的关系

为了进一步研究混凝土弹性波波速降低程度与抗压强度劣化程度的关系，根据表 2.6，对不同水平预加荷载后混凝土的 D_v 与 D_s 进行线性拟合，拟合曲线如图 2.10 所示。从图 2.10 可以看出，经线性拟合，可得拟合公式 $D_s=-0.312+0.619D_v$，线性相关系数 R^2 为 0.882，说明抗压强度劣化程度与弹性波波速降低程度呈良好的线性相关。因此，混凝土材料弹性波波速降低程度可以很好地反映混凝土抗压强度劣化程度。

实际工程中，在浇筑混凝土的同批混凝土试件养护完成后进行弹性波波速降低程度-抗压强度劣化标定试验，并建立弹性波波速降低程度与抗压强度劣化程度的拟合公式。浇筑混凝土养护完成后测定其弹性波波速，定为初始波速为 V_0，当

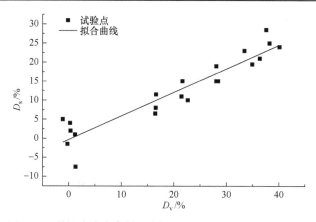

图 2.10　弹性波波速降低程度与抗压强度劣化程度拟合曲线

测得混凝土结构运行期某一时刻弹性波波速为 V_h，通过式(2.3)计算弹性波波速降低程度，即可用拟合公式推定混凝土抗压强度劣化程度，进而对混凝土结构的可靠性与安全性进行分析。

5. 荷载持续作用下损伤监测方法比选

采用自制徐变仪对 2 组混凝土试件分别施加 $0.5S_c$ 和 $0.6S_c$ 的持续荷载，荷载持续作用时长为 10d。在荷载持续作用时间段内，每天同一时刻采用冲击回波法检测混凝土试件内部弹性波波速，同时用声发射仪持续监测混凝土试件在荷载持续作用下的声发射信号。荷载持续作用下混凝土试件弹性波波速随荷载作用时长的变化见图 2.11，荷载持续作用下混凝土试件声发射撞击数随荷载作用时长的变化见图 2.12。

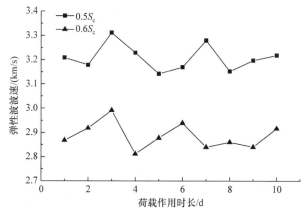

图 2.11　荷载持续作用下混凝土试件弹性波波速随荷载作用时长的变化

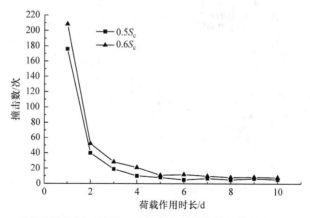

图 2.12 荷载持续作用下混凝土试件声发射撞击数随荷载作用时长的变化

从图 2.11 可以看出，在荷载持续作用时段内，混凝土试件弹性波波速整体变化不大。当持续荷载为 $0.5S_c$ 时，弹性波波速在 3.2km/s 附近波动；当持续荷载为 $0.6S_c$ 时，弹性波波速在 2.9km/s 附近波动。从图 2.12 可以看出，在荷载持续作用时段内，混凝土试件声发射撞击数变化有较好的规律性。在 $0.5S_c$ 荷载作用下，持续作用第 1 天混凝土试件声发射撞击数为 176 次，并且随着荷载持续作用时长的推移，撞击数逐渐降低；$0.6S_c$ 荷载作用下，混凝土试件声发射撞击数的变化规律与 $0.5S_c$ 类似，且整体高于 $0.5S_c$。

综上，冲击回波法不能很好地测定荷载持续作用下混凝土内部的损伤变量，主要是因为在荷载持续作用下，混凝土内部损伤发展比较微小，且本次试验荷载作用时长较短，损伤变量的累计发展值小于冲击回波法测定的误差值。声发射参数在混凝土试件荷载持续作用过程中变化明显，且具有较好的规律性。因此，宜采用声发射法对荷载持续作用下混凝土内部的损伤进行监测。

2.3 初始损伤对混凝土单轴压缩性能影响试验

2.3.1 试验方案设计

1. 试验目的

混凝土结构在浇筑成型过程中，其内部容易产生微孔隙和微裂缝等缺陷，在荷载作用下，这些微缺陷会不断发展、贯通，最后形成可见的裂缝，从而严重影响混凝土结构的安全性和稳定性。因此，探讨损伤对混凝土承载能力的影响，对准确评价混凝土结构的安全性和稳定性具有重要意义。本节对具有不同程度初始损伤的混凝土进行了单轴压缩试验，并通过声发射技术实时监测混凝土的内部损伤，研究混凝土内部损伤发展的过程和机理，从而确定不同程度初始损伤对混凝土试件机械性能的影响。

2. 混凝土配合比及试验方案

文献[6]和[14]通过在混凝土试件制作过程中掺入不同剂量的引气剂，使混凝土内部形成随机分布的微孔隙、微缺陷，进而模拟不同程度的损伤。通过掺入不同剂量的引气剂，制备含有 3 种不同程度初始损伤的混凝土试件，各组混凝土配合比见表 2.7。

表 2.7　各组混凝土配合比

试件分组	含气量/%	水胶比	用水量 /(kg/m³)	水泥用量 /(kg/m³)	粉煤灰掺量 /(kg/m³)	细骨料用量 /(kg/m³)	粗骨料用量 /(kg/m³)
A	0	0.4	165	330	82	620	1203
B	4	0.4	165	330	82	620	1203
C	8	0.4	165	330	82	620	1203

通过扫描电子显微镜观察不同含气量混凝土试件内部损伤状态，如图 2.13～图 2.15 所示。由图可以看出，含气量越大，试件内部形成的原始缺陷越多，由此造成的初始损伤越严重。

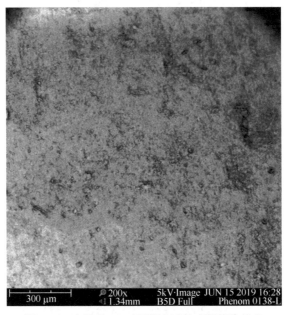

图 2.13　含气量 0%时混凝土试件内部损伤状态

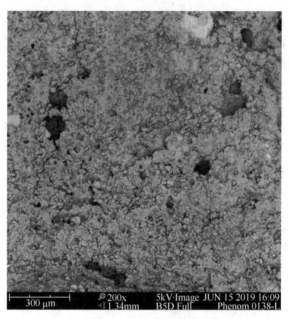

图 2.14　含气量 4%时混凝土试件内部损伤状态

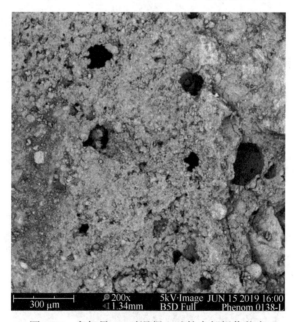

图 2.15　含气量 8%时混凝土试件内部损伤状态

3. 试验设备

采用图 2.16 所示的 TAW-2000 岩石三轴试验机对混凝土试件施加轴向荷载。

整个试验机由主机、电控柜、增加装置、压力室等组成，主要用于测定岩石和混凝土等材料的三轴抗压强度、单轴抗压强度等力学性能。

图 2.16　TAW-2000 岩石三轴试验机

声发射信号采用 DS2 全信息声发射信号分析仪监测，如图 2.17 所示。DS2 全信息声发射信号分析仪采集界面如图 2.18 所示。该分析仪主要由声发射采集仪主机、放大器、传感器组成，支持声发射信号 8 信道同步采集，具有 16 位 A/D 转换精度，采样频率最高为 3MHz，可完整储存波形，稳定性好且灵敏度高。

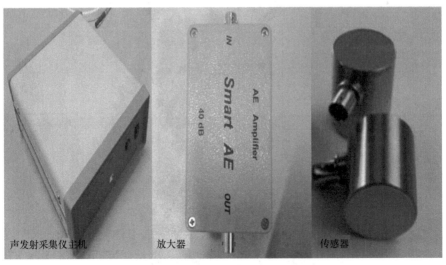

声发射采集仪主机　　　　放大器　　　　　　传感器

图 2.17　DS2 全信息声发射信号分析仪

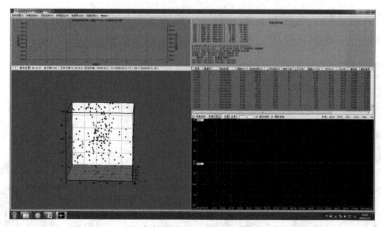

图 2.18　DS2 全信息声发射信号分析仪采集界面

4. 试验过程

1) 断铅试验

进行声发射试验前需先对 A 组、B 组和 C 组混凝土试件分别进行断铅试验,以确定各组混凝土试件的定时参数取值。每组分别取 3 个试件进行断铅试验,每个试件断铅 3 次,每组试件有 9 组试验数据,去除最大的和最小的 2 组数据,取其余 5 组数据的平均值为最终结果。断铅试验如图 2.19 所示,在试件侧面 B 点处进行断铅,铅芯长度为 2.5mm,铅芯与接触面呈 30°夹角,每断铅一次,A 点均会采集到一个声发射信号。

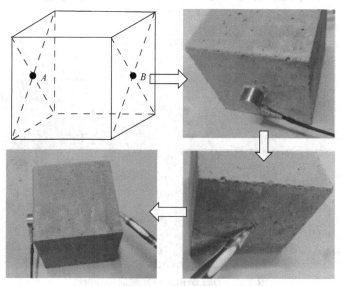

图 2.19　断铅试验

2) 单轴抗压试验

参考《水工混凝土试验规程》[15]的相关规定进行混凝土单轴抗压试验。单轴抗压试验在 TAW-2000 岩石三轴试验机上进行，如图 2.20 所示。立方体混凝土试件抗压强度按照式(2.4)计算(精确至±0.1MPa)。

$$f_c = \frac{S_c}{A} \tag{2.4}$$

式中，f_c——抗压强度，MPa；

　　　S_c——破坏荷载，N；

　　　A——试件承压面积，mm^2。

图 2.20　单轴抗压试验

试验过程中，每组取 6 个试件进行测定，其中 3 个用以测定混凝土试件的单轴抗压强度及应力-应变曲线，3 个用以测定在单轴抗压过程中混凝土试件内部损伤的发展规律。当单个试件测定值与该组试件平均值的差值超过±15%时，需将此测定值剔除，并补充新的试件重新测定。

3) 单轴受压声发射 Kaiser 效应试验

对 A 组、B 组和 C 组混凝土试件分别通过循环加载进行单轴受压声发射 Kaiser效应试验，循环加载制度如图 2.21 所示。循环指定荷载值分别取 0.2S_c、0.4S_c、0.6S_c 及 0.8S_c，加载与卸载速度取 0.5kN/s，并且在加载到指定荷载及卸载到 0kN时均保持 10s 时长。

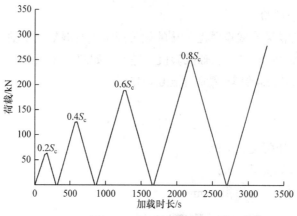

图 2.21　循环加载制度

2.3.2　结果分析

1. 断铅试验结果及分析

在进行声发射信号监测前需对立方体混凝土试件进行断铅试验，以获取连续断铅信号的上升时间和持续时间，进而确定定时参数 PDT、HDT 和 HLT。

分别对 3 组试件进行断铅试验，经断铅试验测定，A 组、B 组和 C 组试件上升时间的最后取值分别是为 100μs、93μs 和 88μs，持续时间的最后取值分别为 200μs、187μs 和 178μs。根据各定时参数的取值方法，取各组试件定时参数，如表 2.8 所示。

表 2.8　各组试件定时参数值　　　　　　　　　（单位：μs）

试件分组	上升时间	持续时间	PDT	HDT	HLT
A	100	200	150	300	500
B	93	187	140	281	485
C	88	178	132	267	470

2. 应力-应变曲线分析

图 2.22 为不同含气量下混凝土试件应力-应变曲线图。

从图 2.22 可以看出，3 组混凝土试件的应力-应变曲线均可分为四个阶段。在混凝土试件受压初始阶段，曲线呈凹形弯曲状，此阶段称为压密阶段；随着应力的增大，应力-应变曲线呈线性变化，此阶段认为混凝土试件变形是弹性变化的，称为弹性变形阶段；之后曲线呈凸型弯曲，并于曲线顶出现反弯点，此阶段称为塑性变形阶段，此阶段混凝土主要表现为塑性变形阶段；随着应变逐渐增加，应力呈下降趋势，此阶段称为峰后破坏阶段。

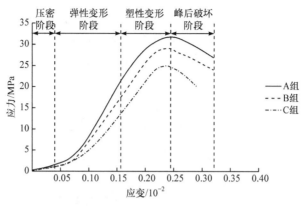

图 2.22　不同含气量下混凝土试件应力-应变曲线图

各组混凝土试件抗压强度见表 2.9。

表 2.9　各组混凝土试件抗压强度

试件分组	含气量/%	抗压强度 f_c/MPa	抗压强度平均值/MPa
A	0	31.7	31.1
		31.4	
		30.2	
B	4	29.2	28.7
		28.9	
		27.9	
C	8	26.3	25.6
		25.4	
		25.1	

从图 2.22 和表 2.9 可以看出,引气剂的掺入使得混凝土的应力-应变曲线发生了较大变化,主要表现为含气量越大,抗压强度越小。A 组试件的抗压强度平均值为 31.1MPa,B 组试件为 28.7MPa,C 组试件为 25.6MPa,相比 A 组试件,B 组和 C 组试件的抗压强度分别降低了 7.7%和 17.7%。主要原因是随着引气剂掺入量的增加,混凝土内部的孔隙显著增加,孔隙率也不断增加,导致混凝土试件内部出现更多缺陷和不稳定结构,从而在承受外部荷载时致密性降低。当承受荷载作用时,混凝土内部的孔隙和微裂缝将逐渐膨胀并贯穿整个裂缝,从而导致更多的新裂缝,进一步加剧了混凝土的内部损伤。引气剂的掺入会降低混凝土材料的机械性能[16,17],如降低抗压强度和弹性模量,因此机械性能的降低可以作为确定混凝土损伤的基础[5,13,18]。

　　图 2.23～图 2.25 分别展示了不同含气量混凝土试件压缩过程中的破坏模式。由图可以清楚地看到，3 组混凝土的裂缝尺寸及数量存在明显差异(主要是垂直裂缝)。含气量为 0%的混凝土试件表面裂缝数量明显少于其他 2 组试件，进一步表明初始损伤对混凝土强度有一定的降低作用。

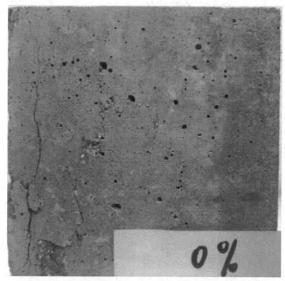

图 2.23　含气量 0%时混凝土试件压缩过程中的破坏模式

图 2.24　含气量 4%时混凝土试件压缩过程中的破坏模式

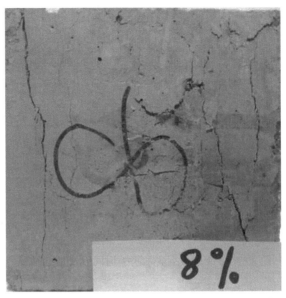

图 2.25　含气量 8%时混凝土试件压缩过程中的破坏模式

3. 声发射特征曲线分析

越过预先设定门槛值的一个信号称作一次撞击，通常计数形式可分为计数率和总计数。累计撞击数可准确反映声发射信号的活动频率及数量，进而合理评估材料内部损伤的变化程度。图 2.26～图 2.28 分别为单轴压缩过程中，A 组、B 组和 C 组混凝土试件应力-时间-累计撞击数图。

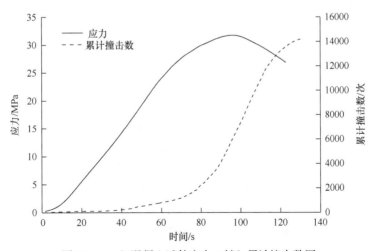

图 2.26　A 组混凝土试件应力-时间-累计撞击数图

如图 2.26～图 2.28 所示，在压密阶段，三组混凝土试件内部的初始微裂缝、

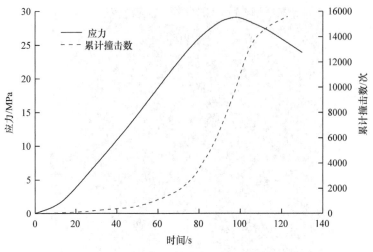

图 2.27　B 组混凝土试件应力-时间-累计撞击数图

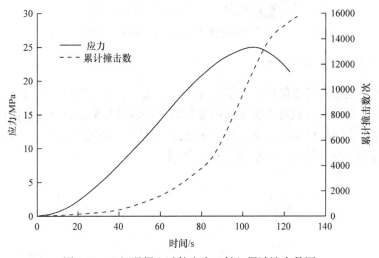

图 2.28　C 组混凝土试件应力-时间-累计撞击数图

微缺陷因外部荷载的作用发生了闭合,而此阶段混凝土内部的累计撞击数很少,说明混凝土内部微裂缝、微缺陷的闭合并不产生声发射信号。引气剂的掺入使得 B 组、C 组混凝土试件内部产生了更多的初始微缺陷,因此引气剂掺入量越大,压密阶段持续时间越长,即初始损伤越大,压密阶段时长越长。

　　在弹性变形阶段,累计撞击数较压密阶段明显增多,但从图 2.26～图 2.28 曲线的整体变化可知,此阶段累计撞击数不超过总累计撞击数的十分之一,并且可以看出初始损伤越大,弹性变形阶段声发射累计撞击数也越多。A 组、B 组和 C 组混凝土试件在弹性变形阶段的累计撞击数分别是 400 次、700 次和 1100 次。主要是因为在弹性变形阶段，混凝土内部微裂缝、微孔隙受压变形，但并未发生扩展，只有少量不稳定的微裂缝、微缺陷扩展贯通，从而出现少量信号；同时，引气剂掺入量越大，混凝土试件内部不稳定的微裂缝、微缺陷越多，在弹性变形阶段的累计撞击数也越多。因此，初始损伤越大，在弹性变形阶段混凝土内部损伤的发展程度也就越大。

在进入塑性变形阶段后，累计撞击数快速增加，此时，混凝土试件内部的微裂缝、微缺陷开始大量扩展、合并并形成更多、更大的裂缝，此阶段产生的声发射累计撞击数占整个过程的绝大多数。同时可以看出，混凝土初始损伤越大，越早进入塑性变形阶段，A 组、B 组和 C 组试件声发射累计撞击数分别在各自峰值应力的 0.6 倍、0.5 倍及 0.4 倍时开始快速增加。因此，初始损伤对混凝土塑性变形阶段的损伤发展具有促进作用，主要表现为初始损伤越大，混凝土越早进入塑性变形阶段。

进入峰后破坏阶段，混凝土试件声发射累计撞击数表现为先快速增长，然后增长速率降低，并逐渐趋于平稳。在此阶段，混凝土试件内部裂缝快速发展，直至试件完全破坏。

4. Kaiser 效应分析

材料在受到循环荷载作用时，当荷载不超过历史最高荷载时，不会产生声发射信号，而一旦荷载超过历史最高荷载时，声发射信号活性会显著增加，这种现象称为 Kaiser 效应。

Kaiser 效应为材料受荷载的历史分析提供了一种有效方法。混凝土材料作为一种组分复杂的复合材料，成型过程中不可避免地会产生微小缺陷，这种结构的复杂性决定了其在任何荷载作用下都会产生声发射信号。相关研究表明，在加载过程中混凝土局部水泥浆体的剥落会使声发射信号幅度值快速增大，但这种信号非常短暂，不能作为有效声发射信号恢复的标志，因此在评定混凝土声发射活动时，必须用有效声发射信号来评定。纪洪广等[19]认为，混凝土材料是否出现有效声发射信号可由以下特征判别：①连续准则，即在荷载增大过程中，产生连续的声发射信号；②事件数增长准则，即荷载增大了 10%，事件计数要大于 10 个；③幅度值准则，即声发射信号的幅度值大于门槛值。

根据 Kaiser 效应的定义，出现有效声发射信号的前提是材料所承受的荷载要大于历史最大荷载，但对于含有初始缺陷的材料，其承受的荷载还没有达到历史最大荷载时就出现了有效声发射信号，这种现象被称作 Felicity 效应。

在施加循环荷载时，声发射的 Felicity 比[20]定义为

$$FR(\sigma) = \frac{\sigma_n}{\sigma} \tag{2.5}$$

式中，FR(σ)——历史最大应力为 σ 时的 Felicity 比；

　　　σ_n——再次恢复有效声发射信号时的应力；

　　　σ——前次加载达到的最大应力。

由式(2.5)可以看出，只有当 FR(σ)≥1 时 Kaiser 效应才有效。

图 2.29～图 2.31 分别为 A 组、B 组和 C 组混凝土试件荷载-时间-累计撞击数图。

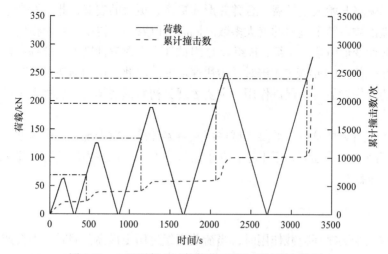

图 2.29　A 组混凝土试件荷载-时间-累计撞击数图

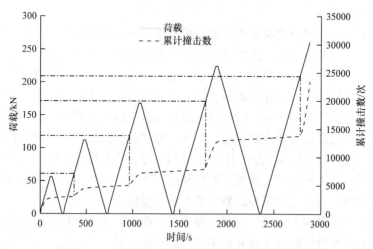

图 2.30　B 组混凝土试件荷载-时间-累计撞击数图

如图 2.29 所示，在 A 组混凝土试件第一个加载循环中，最大荷载达到 62kN。由于混凝土试件内部有不稳定的初始孔隙，在加载过程中声发射信号明显，声发

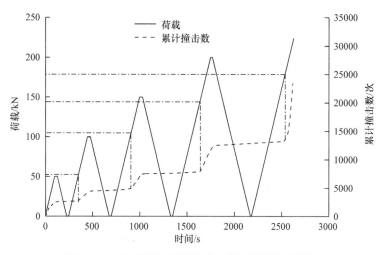

图 2.31　C 组混凝土试件荷载-时间-累计撞击数图

射信号累计撞击数达 2102 次，而在第一个循环的卸载阶段，几乎没有声发射信号产生。进入第二个循环的加载阶段，以相同的加载速度对混凝土试件再次加载，当荷载达到 69kN 时，声发射信号明显产生，此时混凝土试件承受的荷载是第一次循环最大荷载的 1.113 倍，由于产生声发射信号的荷载值大于历史最大荷载，在此荷载水平下混凝土试件出现了 Kaiser 效应。后续的两个循环过程中，混凝土试件同样出现了明显的 Kaiser 效应，出现 Kaiser 效应对应的荷载分别是 134kN 及 195kN，分别为历史最大荷载的 1.081 倍及 1.048 倍。第五个循环过程中，荷载达到 240kN 时就出现了明显的声发射信号，而此时的荷载仅是历史最大荷载的 0.968 倍，因此 A 组混凝土试件 Kaiser 效应失效，并出现 Felicity 效应。由此可知，A 组混凝土试件存在 Kaiser 效应的应力上限为抗压强度的 77.4%。

　　如图 2.30 和图 2.31 所示，B 组混凝土试件在几次循环加载过程中出现明显声发射信号时的荷载分别是 61.0kN、118.5kN、170.0kN、209.5kN，对应的 Felicity 比分别是 1.089、1.058、1.013、0.935；C 组混凝土试件在几次循环加载过程中出现明显声发射信号时的荷载分别是 52.5kN、103.7kN、144.0kN、178.0kN，对应的 Felicity 比分别是 1.050、1.037、0.960、0.890。与 A 组 Felicity 比的变化规律相似，B 组和 C 组的 Felicity 比是随着荷载水平的提高而逐渐降低，但在相同荷载等级下，A 组的 Felicity 比大于 B 组，B 组大于 C 组，同时计算得到 B 组混凝土试件存在 Kaiser 效应的应力上限为抗压强度的 74.8%，C 组混凝土试件存在 Kaiser 效应的应力上限为抗压强度的 57.6%。因此，初始损伤对混凝土试件的 Felicity 比和 Kaiser 效应的应力上限有较大的影响，主要表现为混凝土的初始损伤越大，相同 S_r 下的 Felicity 比越小，Kaiser 效应的应力上限就越低。

　　各组混凝土试件的 Felicity 比随荷载等级的变化如图 2.32 所示。根据 Felicity 的研究，材料在循环加载的过程中，因前期受荷载作用造成的损伤对声发射的不可逆性有很大影响。在较高水平荷载作用下，由于材料内部损伤较为严重，此时 Kaiser 效应失效，承受的荷载小于历史最大荷载时就已出现明显的声发射活动，即出现了 Felicity 效应。因此，根据试验结果，可以得出在荷载等级相同的情况下，初始损伤会加剧混凝土内部损伤的发展。

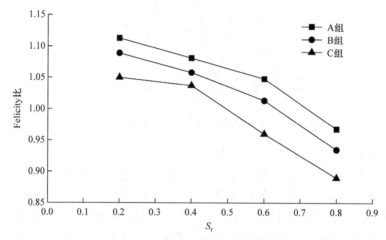

图 2.32　各组混凝土试件的 Felicity 比随荷载等级的变化

2.4　混凝土非线性徐变试验

2.4.1　试验方案设计

1. 试验目的

　　混凝土结构在水压力、自重等荷载持续作用下，不可避免地会产生随时间发展的徐变变形，而徐变变形对混凝土力学性能具有很大的影响。当荷载水平较高时，徐变变形与荷载水平呈非线性关系，此时，混凝土徐变变形与其内部损伤的发展具有密切联系。在荷载持续作用下，混凝土内部损伤会不断发展并累积，当发展到一定程度时，混凝土就会发生破坏，其结构的实时抗压强度与室内抗压试验所得的抗压强度相比会出现一定程度的劣化，若忽略荷载长期作用而导致的混凝土结构劣化，就会对混凝土结构的耐久性及安全性评价产生不利影响。因此，本节通过掺入引气剂的方式对混凝土试件引入不同程度的损伤，研究混凝土徐变与损伤之间的相互作用。

2. 试验方案

在荷载持续作用下，混凝土徐变变形及内部损伤的发展与持续荷载水平有很大关系，试验主要研究在荷载持续作用下损伤与徐变的相互作用。相关研究表明，荷载水平小于 $0.4f_c$ 时，混凝土的徐变变形与荷载水平呈线性关系；而当荷载水平大于 $0.4f_c$ 时，混凝土的徐变变形与荷载水平呈非线性关系[21-25]，因此试验持续荷载水平取 $0.4f_c$ 以上。参考 2.3 节，在制作混凝土试件时掺入不同剂量的引气剂，使混凝土内部形成随机分布的微孔隙、微缺陷，用以模拟不同程度的损伤。各组混凝土配合比见表 2.7，试验方案见表 2.10。

表 2.10　试验方案

试件分组	含气量/%	抗压强度/MPa	持续荷载水平	试件个数/个
A	0	31.1	$0.5f_c$	3
			$0.6f_c$	3
			$0.7f_c$	3
B	4	28.7	$0.5f_c$	3
			$0.6f_c$	3
			$0.7f_c$	3
C	8	25.6	$0.5f_c$	3
			$0.6f_c$	3
			$0.7f_c$	3

3. 加载装置设计

考虑到施加的荷载级别，且需要保持荷载的稳定性，依据预应力后张法原理[26-30]，设计并加工了如图 2.33 所示的加载装置，该装置主要由液压千斤顶、压板、螺母、螺杆、碟簧等部件构成，各部件主要功能如下所示。

(1) 液压千斤顶：通过给千斤顶供油，从而对混凝土试件施加荷载。

(2) 压板：将液压千斤顶提供的荷载转换为均布荷载，使混凝土试件均匀受力。

(3) 螺母及螺杆：两者共同作用，维持施加的荷载，并监测荷载的波动。

(4) 碟簧：使混凝土试件保持长期受压状态，防止由于应力松弛而导致荷载骤减。

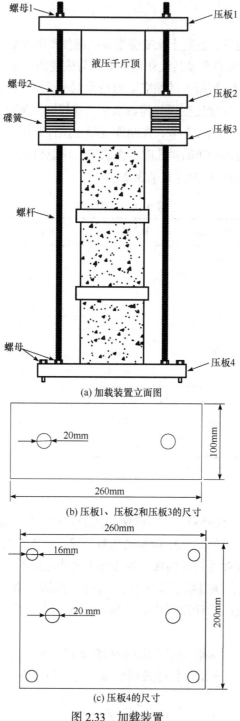

(a) 加载装置立面图

(b) 压板1、压板2和压板3的尺寸

(c) 压板4的尺寸

图 2.33　加载装置

加载装置各部件材料参数及强度验算如下所示。

(1) 压板：采用厚度为 30mm 的 Q235 钢板，两面抛光，考虑到试件、液压千斤顶及碟簧的尺寸，其中压板 1、压板 2 和压板 3 的尺寸为 260mm×100mm(长×宽)，如图 2.33(b)所示。由于螺杆需穿过压板，在如图 2.33(b)所示的位置预留直径为 20mm 的孔洞，同时考虑到设备的整体稳定性，压板 4 的尺寸为 260mm×200mm (长×宽)，如图 2.33(c)所示，在螺杆通过的位置预留直径为 20mm 的孔洞，并在四角预留直径为 16mm 的孔洞，制作底座以保证设备整体的稳定性。

(2) 螺杆：采用材质为合金钢的 12.9 级高强螺杆，其屈服强度为 1080MPa，直径为 16mm，长度为 100mm。

混凝土承载的最大荷载为 $F=31\text{MPa}×100\text{mm}×100\text{mm}×0.7=217(\text{kN})$；每一根螺杆承载荷载的大小为 $F_{螺杆}=217\text{kN}×0.5=108.5(\text{kN})<1080\text{MPa}×201.06\text{mm}^2=217(\text{kN})$，故螺杆强度满足要求。

(3) 螺母：采用与螺杆同材质的高强度螺母。

(4) 碟簧：外直径为 80mm，内直径为 41mm，厚度为 5mm，高度为 6.7mm，单片碟簧压缩至 70%总变形量时的负荷为 33.6kN。因此，碟簧采用五片并联后两段串联的形式组合，这样既能保证碟簧有足够的承载力，又能保证碟簧有足够的伸缩长度。

混凝土承载的最大荷载为 $F=31\text{MPa}×100\text{mm}×100\text{mm}×0.7=217(\text{kN})$；每一侧的碟簧的承载力为 $F_{碟簧}=217\text{kN}×0.5=108.5(\text{kN})<33.6\text{kN}×5=168(\text{kN})$，故碟簧强度满足要求。

(5) 液压千斤顶：综合考虑设备的尺寸及需要施加的荷载水平，最终确定加载装置采用 30t 短行程分离式液压千斤顶，其自由高度为 108mm，行程为 50mm，外径为 105mm。

4. 数据采集设备

数据采集设备包括 DS2 全信息声发射信号分析仪和 TDS630 数据采集仪(图 2.34)，主要用以监测混凝土试件在试验过程中的应变和声发射信号。

应变片分 120-50AA 混凝土应变片和 120-3AA 金属应变片两种，其参数见表 2.11。

表 2.11　两种应变片参数

应变片类型	阻值/Ω	灵敏度/(mV/V)	基底尺寸(长×宽)/(mm×mm)	丝栅尺寸(长×宽)/(mm×mm)
120-50AA 混凝土应变片	120	2.0	58.2 × 6.5	50 × 3
120-3AA 金属应变片	120	2.0	6.9 × 3.9	3.0 × 2.3

图 2.34　TDS630 数据采集仪

5. 试验过程

图 2.35 为徐变试验装置示意图。

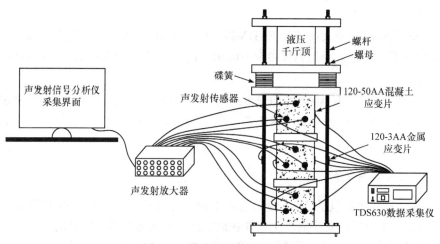

图 2.35　徐变试验装置示意图

1) 液压千斤顶的标定

(1) 液压千斤顶的标定如图 2.36 所示。标定时，将液压千斤顶放置于压板 1 与压板 2 之间，通过手动泵给液压千斤顶供油，当活塞上升至满上升高度的三分之一时，启动试验机，使得活塞与压板 1 接触，然后继续给液压千斤顶供油，使其达到最高值，并预压两次。

(2) 标定值为 $0.5S_c$、$0.6S_c$、$0.7S_c$，按从小到大的顺序，通过手动泵使千斤顶

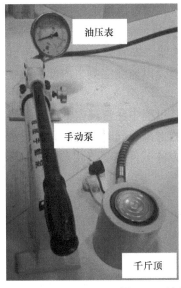

图 2.36　液压千斤顶的标定

加荷，到达标定值时保持 0.5min，若试验力平稳，则读取此时油压表的读数。重复测量三次，取平均值作为最终标定值。

2) 应变片及声发射传感器的安装

(1) 应变片及声发射传感器安装位置如图 2.37 所示。在与立方体混凝土试件受压方向相平行的两个侧面分别贴上 120-50AA 混凝土应变片，并采用 TDS630 数据采集仪监测各组试件加载后 30d 内的应变值，最终以各组试件应变的平均值作为该试验组的数据。

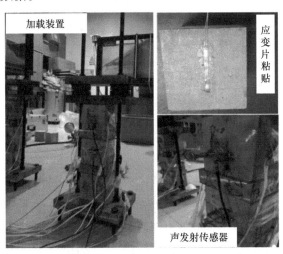

图 2.37　应变片及声发射传感器安装位置

(2) 为了监测持续荷载的波动，需在加载装置两侧螺杆选取合适的位置打磨光滑，用酒精擦洗后粘贴 120-3AA 金属应变片。

(3) 在每个试件上安置一个声发射传感器，安置时，在试件与传感器之间涂抹硅脂，然后用胶带把传感器固定在试件上，以监测混凝土内部的声发射信号。

3) 加载

用液压千斤顶给混凝土试件加载，加载过程中注意观察油压表。当油压表读数到达预定值时停止加载，拧紧加载装置的螺母，同时记录加载装置两侧钢筋的应变值。当螺杆应变值与记录的混凝土立方体试件应变值相差超过±5%时，应进行相应的补载。

4) 记录

每天记录混凝土试件的应变值并保存声发射参数。

2.4.2　结果分析

1. 徐变结果对比分析

通过单轴抗压试验测得 A 组混凝土试件的抗压强度 f_c 为 31MPa，取持续荷载水平为 $0.5f_c$、$0.6f_c$ 及 $0.7f_c$，则最终持续荷载分别为 15.5MPa、18.6MPa 及 21.7MPa。图 2.38 为 A 组混凝土试件在不同水平荷载持续作用下的徐变应变-时间曲线。

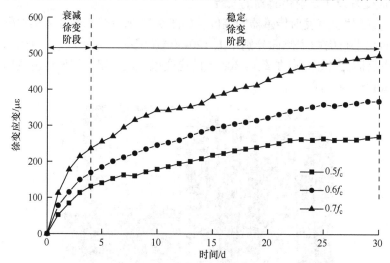

图 2.38　A 组混凝土试件在不同水平荷载持续作用下的徐变应变-时间曲线

由图 2.38 可知，在荷载维持不变的情况下，试件依旧会产生持续增长的变形，在 30d 荷载持续作用时段内，混凝土变形经历了衰减徐变阶段和稳定徐变阶段。加载初期，混凝土的徐变变形发展相对较快，但随着时间的推移，徐变速率逐渐减小并趋于稳定，徐变变形的发展逐渐趋于平稳。荷载持续作用至 30d，$0.5f_c$、

0.6f_c 及 0.7f_c 荷载水平下的混凝土徐变应变依次为 270.0με、368.5με及 494.5με。可以看出,0.5f_c 与 0.6f_c 荷载水平下的混凝土 30d 徐变应变相差 98.5με,0.6f_c 与 0.7f_c 荷载水平下的混凝土 30d 徐变应变相差 126.0με。由此可知, 在较高水平荷载持续作用下, 混凝土的徐变变形与其承受的荷载水平呈非线性相关关系。

　　进一步研究不同程度初始损伤混凝土在相同荷载水平持续作用下的徐变变形特性,绘制如图 2.39~图 2.41 所示的各组混凝土试件在不同水平荷载持续作用下的徐变应变-时间曲线。

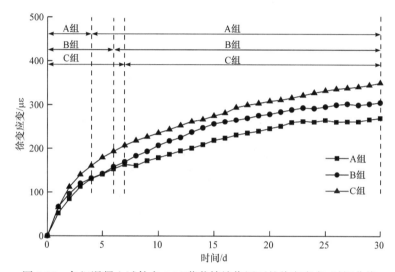

图 2.39　各组混凝土试件在 0.5f_c 荷载持续作用下的徐变应变-时间曲线

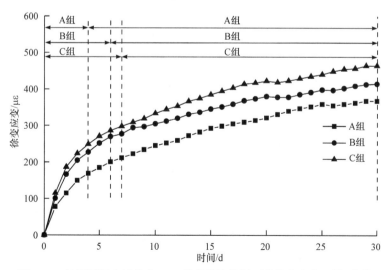

图 2.40　各组混凝土试件在 0.6f_c 荷载持续作用下的徐变应变-时间曲线

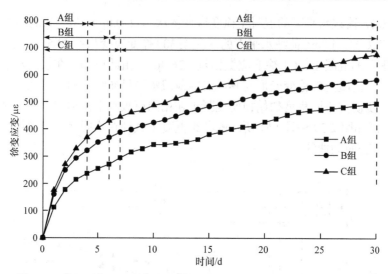

图 2.41　各组混凝土试件在 $0.7f_c$ 荷载持续作用下的徐变应变-时间曲线

由图 2.39～图 2.41 可以看出，掺入引气剂的混凝土与未掺入引气剂的混凝土相比，其徐变应变随时间的变化趋势基本相同，在 30d 的荷载持续作用时段内，均经历了衰减徐变阶段和稳定徐变阶段，但两个阶段的分界点有所推后，B 组位于第 6 天，C 组位于第 7 天。因此，混凝土内部初始损伤程度的改变并不会改变徐变变形随时间的变化趋势，但会延长衰减徐变阶段的时间。同时可以看出，混凝土内部初始损伤程度越高，在同等水平荷载持续作用下混凝土整体的徐变变形越人。

在 $0.5f_c$ 荷载持续作用下，A 组与 B 组混凝土试件的 30d 徐变应变相差 35με，B 组与 C 组混凝土试件的 30d 徐变应变相差 45με；在 $0.6f_c$ 荷载持续作用下，A 组与 B 组混凝土试件的 30d 徐变应变相差 46.5με，B 组与 C 组混凝土试件的 30d 徐变应变相差 49.5με；在 $0.7f_c$ 荷载持续作用下，A 组与 B 组混凝土试件的 30d 徐变应变相差 87.5με，B 组与 C 组混凝土试件的 30d 徐变应变相差 93με。由此可知，随着荷载水平的提高，不同含气量混凝土试件之间徐变应变的差值也越来越大，主要是因为在低水平荷载持续作用下，混凝土的徐变变形主要以水泥浆体的蠕变为主，而当荷载水平提高，混凝土材料内部损伤逐渐起到主导作用，且荷载水平越高，混凝土内部损伤对徐变变形的影响就越大。同时，由于各组混凝土试件除了引气剂掺入量不同外，其他条件均相同，不同掺入量的引气剂导致各组混凝土试件内部产生不同程度的初始损伤，进一步说明混凝土内部损伤对徐变变形的发展具有一定的促进作用。

2. 振铃计数率对比分析

图 2.42～图 2.50 分别为各组混凝土试件在不同水平荷载持续作用下的振铃计数率-时间-徐变应变图。图中柱状图代表振铃计数率，密集程度反映了振铃计数的频率。振铃计数率为每秒越过门槛信号的振荡次数，广泛应用于评估声发射信号的活动性。

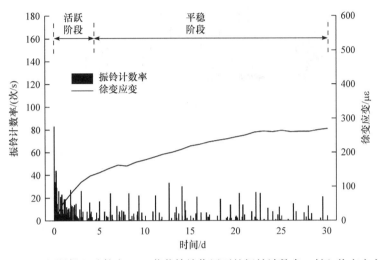

图 2.42　A 组混凝土试件在 0.5f_c 荷载持续作用下的振铃计数率-时间-徐变应变图

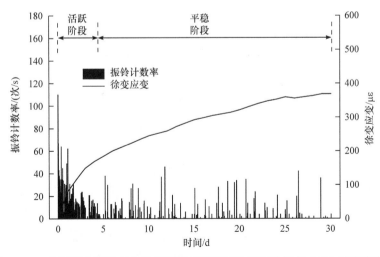

图 2.43　A 组混凝土试件在 0.6f_c 荷载持续作用下的振铃计数率-时间-徐变应变图

由图 2.42～图 2.44 可以看出，在加载初期，振铃计数活动频繁，且整体振铃计数率较大，但随着荷载作用时间的推移，振铃计数率于第 4 天趋于平稳，与徐

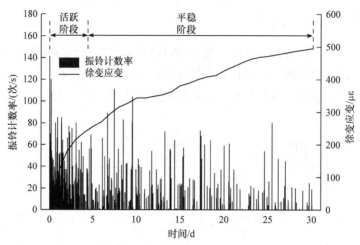

图 2.44　A 组混凝土试件在 0.7f_c 荷载持续作用下的振铃计数率-时间-徐变应变图

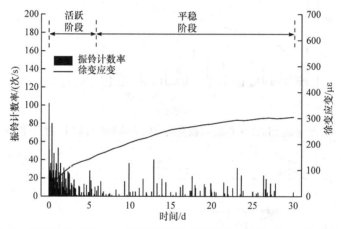

图 2.45　B 组混凝土试件在 0.5f_c 荷载持续作用下的振铃计数率-时间-徐变应变图

变应变的发展规律保持一致。这主要是因为在加载之前，混凝土试件内部就存在一些微小的裂缝，荷载持续作用之后，大量不稳定的微小裂缝迅速扩展、合并，并且随着时间的推移逐渐形成相对稳定的微裂缝和微缺陷。同时，荷载水平越高，振铃计数率柱状线越密集，且峰值也越高，其对应的徐变应变发展速率也相对较高，A 组混凝土试件在不同水平荷载持续作用下的最大振铃计数率分别是 83 次/s、110 次/s、141 次/s，荷载水平的增大促进了混凝土内部微裂缝的进一步扩展、合并，从而致使更多裂缝的产生，而裂缝的产生导致混凝土承载能力降低，反过来促进了徐变应变的发展。

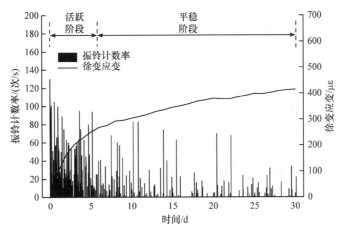

图 2.46　B 组混凝土试件在 0.6f_c 荷载持续作用下的振铃计数率-时间-徐变应变图

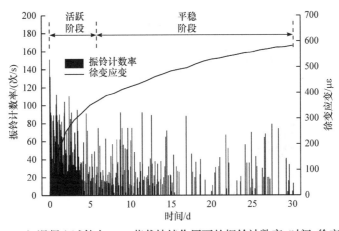

图 2.47　B 组混凝土试件在 0.7f_c 荷载持续作用下的振铃计数率-时间-徐变应变图

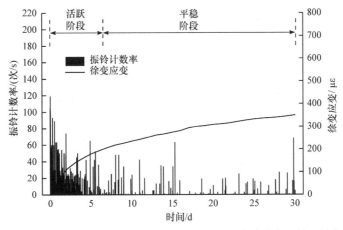

图 2.48　C 组混凝土试件在 0.5f_c 荷载持续作用下的振铃计数率-时间-徐变应变图

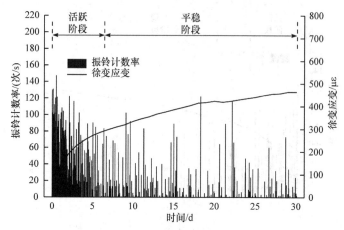

图 2.49　C 组混凝土试件在 0.6f_c 荷载持续作用下的振铃计数率-时间-徐变应变图

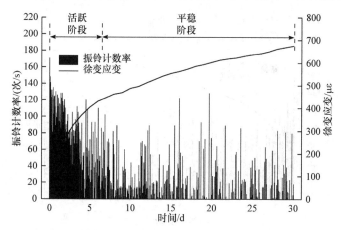

图 2.50　C 组混凝土试件在 0.7f_c 荷载持续作用下的振铃计数率-时间-徐变应变图

从图 2.45～图 2.50 可以看出，B 组和 C 组混凝土试件振铃计数率走势与 A 组类似。提取各组混凝土试件在不同水平荷载持续作用下的声发射参数，见表 2.12。

表 2.12　各组混凝土试件在不同水平荷载持续作用下的声发射参数

持续荷载水平	声发射参数	A 组	B 组	C 组
0.5f_c	30d 平均振铃计数率/(次/s)	11.0	12.8	18.4
	最大振铃计数率/(次/s)	83.0	102.0	119.0
	30d 平均徐变应变率/($\mu\varepsilon$/d)	9.0	10.2	11.7
	总徐变应变/$\mu\varepsilon$	270.0	305.0	350.0

续表

持续荷载水平	声发射参数	A 组	B 组	C 组
0.6f_c	30d 平均振铃计数率/(次/s)	14.4	23.0	32.0
	最大振铃计数率/(次/s)	110.0	130.0	147.0
	30d 平均徐变应变率/(με/d)	12.3	13.8	15.5
	总徐变应变/με	368.5	415.0	464.5
0.7f_c	30d 平均振铃计数率/(次/s)	22.2	33.6	46.0
	最大振铃计数率/(次/s)	141.0	151.0	171.0
	30d 平均徐变应变率/(με/d)	16.5	19.4	22.5
	总徐变应变/με	494.5	582.0	675.0

由表 2.12 可以看出,随着引气剂掺入量的增加,振铃计数率 30d 平均值和最大值均有所提高,同时 30d 平均徐变应变率和总徐变应变均有所增大。这种情况主要是因为在荷载持续作用下,混凝土内部的微裂缝、微缺陷扩展、合并,并形成更大的裂缝,导致混凝土弹性模量下降。初始损伤程度越高的混凝土,其内部微缺陷、微孔洞越多,在荷载持续作用下就会形成更多的微裂缝等损伤,导致混凝土损伤程度增大,弹性模量降低程度增大,使得混凝土徐变变形的速率和程度增大。因此,混凝土内部损伤程度对于徐变变形的发展有显著影响。

3. 能量率对比分析

图 2.51～图 2.59 分别为各组混凝土试件在不同水平荷载持续作用下的能量

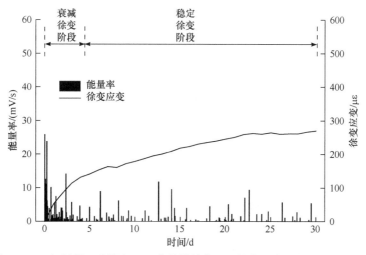

图 2.51 A 组混凝土试件在 0.5f_c 荷载持续作用下的能量率-时间-徐变应变图

率-时间-徐变应变图。能量率指单位时间内测得材料释放出的声发射信号的能量，反映了声发射信号的相对能量或强度，其大小与声发射持续时间及幅度相关。对声发射信号能量率进行分析，可准确了解混凝土内部的变化特征，对混凝土材料损伤程度的评价标准有重要意义。

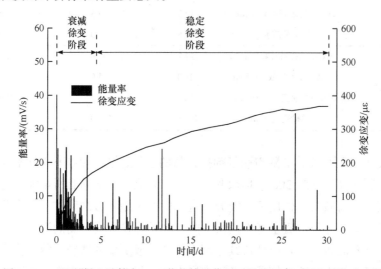

图 2.52　A 组混凝土试件在 0.6f_c 荷载持续作用下的能量率-时间-徐变应变图

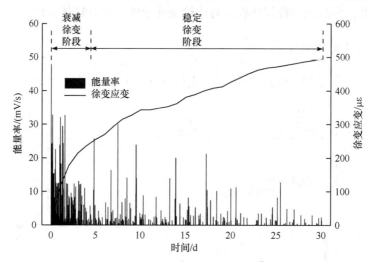

图 2.53　A 组混凝土试件在 0.7f_c 荷载持续作用下的能量率-时间-徐变应变图

由图 2.51～图 2.59 可以看出，在衰减徐变阶段，混凝土试件内部大量初始微裂缝和微缺陷发生、扩展，从而释放较高的应变能，此时能量率较大且密集；而进入稳定徐变阶段后，随着不稳定的初始裂缝扩展、合并完成，此时混凝土试件

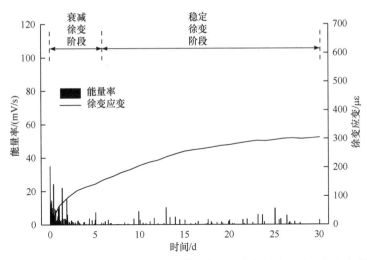

图 2.54　B 组混凝土试件在 0.5f_c 荷载持续作用下的能量率-时间-徐变应变图

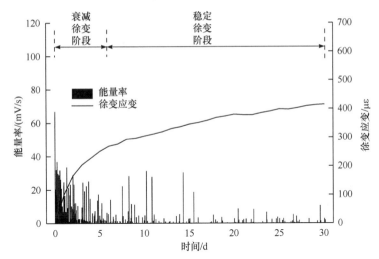

图 2.55　B 组混凝土试件在 0.6f_c 荷载持续作用下的能量率-时间-徐变应变图

内部比较稳定，能量率变化较缓慢，此阶段徐变应变增量也非常小，应变能处于一个累积过程，但中间不时仍伴有损伤的产生。混凝土试件能量率的变化反映出其内部的破坏是呈周期性的，是一个能量聚集与释放的过程。

　　对比图 2.51～图 2.59 可以看出，持续作用荷载水平越高，能量率越大且越密集，这是因为荷载水平的提高进一步促进了微裂缝的扩展。同时，掺入引气剂的混凝土试件相比于未掺入引气剂的混凝土试件，其能量率的变化规律类似，能量率均在衰减徐变阶段较高，且分布密集；在稳定徐变阶段，能量率相对较低，且分布稀疏。同一水平荷载持续作用下，混凝土试件内部初始损伤程度越高，其能

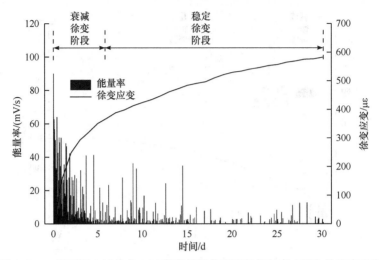

图 2.56 B 组混凝土试件在 0.7f_c 荷载持续作用下的能量率-时间-徐变应变图

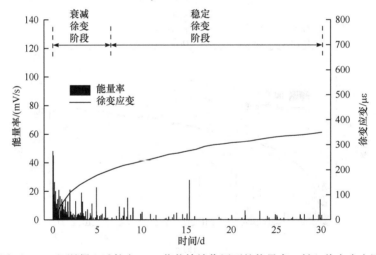

图 2.57 C 组混凝土试件在 0.5f_c 荷载持续作用下的能量率-时间-徐变应变图

量率分布越密集，且最大能量率和平均能量率也更大，与振铃计数率的变化规律类似。这是由于混凝土试件初始损伤程度越大，内部不稳定的微裂缝等结构越多，释放的应变能也就越多。在 0.5f_c 荷载持续作用下，各组混凝土试件 30d 释放的总能量分别为 722.67mV、932.58mV、1695.95mV；在 0.6f_c 荷载持续作用下，各组混凝土试件 30d 释放的总能量分别为 1473.25mV、2448.44mV、4097.02mV；在 0.7f_c 荷载持续作用下，各组混凝土试件 30d 释放的总能量分别为 2551.90mV、5055.36mV、9253.66mV。由此可知，在初始损伤程度相同的条件下，持续作用荷载水平越高，混凝土试件内部裂缝的产生和扩展速度就越快，最终释放出的能量也就越大。

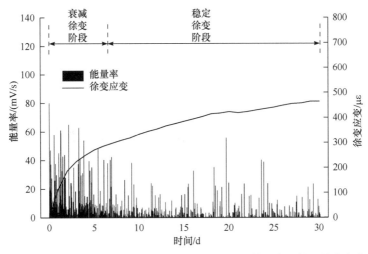

图 2.58　C 组混凝土试件在 $0.6f_c$ 荷载持续作用下的能量率-时间-徐变应变图

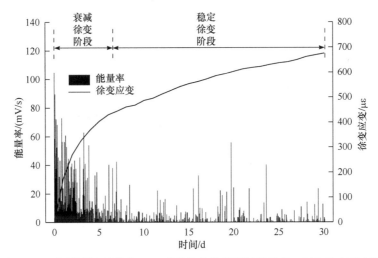

图 2.59　C 组混凝土试件在 $0.7f_c$ 荷载持续作用下的能量率-时间-徐变应变图

4. 累计撞击数对比分析

图 2.60～图 2.68 分别为各组混凝土试件在不同水平荷载持续作用下的徐变应变-时间-累计撞击数图。当有声发射信号幅度值超过门槛值，并使某一信道采集到一次信号称之为一次撞击，通常可采用总计数或计数率以反映声发射活动的总量和频度。

由图 2.60～图 2.68 可以看出，各组混凝土试件在不同水平荷载持续作用下的徐变应变-时间曲线与累计撞击数-时间曲线变化规律基本保持一致。在快速增长

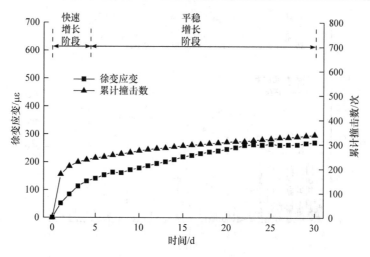

图 2.60　A 组混凝土试件在 0.5f_c 荷载持续作用下的徐变应变-时间-累计撞击数图

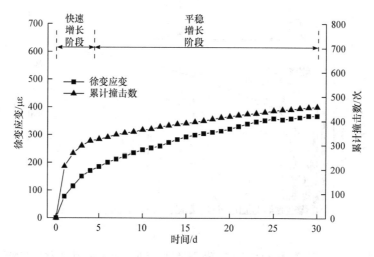

图 2.61　A 组混凝土试件在 0.6f_c 荷载持续作用下的徐变应变-时间-累计撞击数图

阶段，累计撞击数快速增长，并随着时间的推移增长速率逐渐减小。主要是因为在加载前期，混凝土内部已有大量不稳定的微裂缝和微缺陷，在荷载持续作用下，微裂缝和微缺陷逐渐扩展、贯通，直至试件被压缩至密实，同时这一阶段会有较多的撞击数产生。在平稳增长阶段，声发射产生的撞击数主要源于试件内部少量旧裂缝的进一步扩展及新裂缝的产生，因此相对快速增长阶段，累计撞击数增长得比较缓慢。

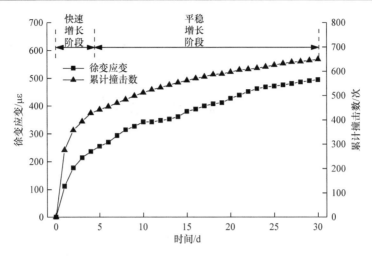

图 2.62　A 组混凝土试件在 0.7f_c 荷载持续作用下的徐变应变-时间-累计撞击数图

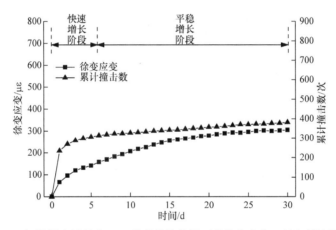

图 2.63　B 组混凝土试件在 0.5f_c 荷载持续作用下的徐变应变-时间-累计撞击数图

　　同时，混凝土试件含气量越高，持续作用荷载水平越高，累计撞击数就越多。在 0.5f_c 荷载持续作用下，各组混凝土试件 30d 累计撞击数分别为 339 次、382 次、431 次；在 0.6f_c 荷载持续作用下，各组混凝土试件 30d 累计撞击数分别为 458 次、512 次、648 次；在 0.7f_c 荷载持续作用下，各组混凝土试件 30d 累计撞击数分别为 649 次、735 次、1043 次。究其原因，引气剂掺入量的增加会使混凝土试件内部初始的微裂缝和微缺陷增多，而持续作用荷载水平增加会促进微裂缝和微缺陷的进一步扩展，从而导致累计撞击数的增多。

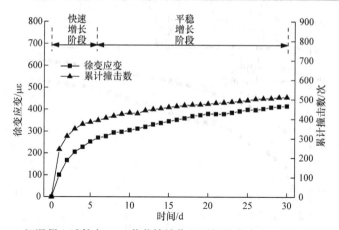

图 2.64　B 组混凝土试件在 0.6f_c 荷载持续作用下的徐变应变-时间-累计撞击数图

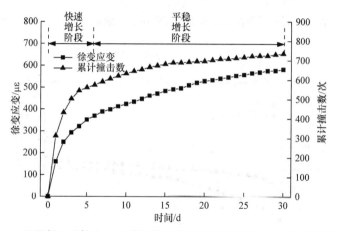

图 2.65　B 组混凝土试件在 0.7f_c 荷载持续作用下的徐变应变-时间-累计撞击数图

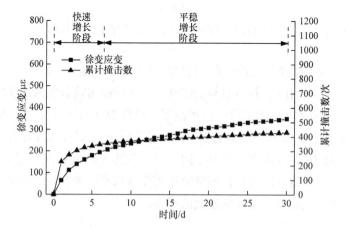

图 2.66　C 组混凝土试件在 0.5f_c 荷载持续作用下的徐变应变-时间-累计撞击数图

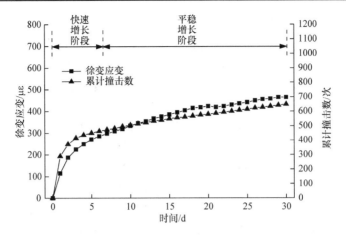

图 2.67 C 组混凝土试件在 0.6f_c 荷载持续作用下的徐变应变-时间-累计撞击数图

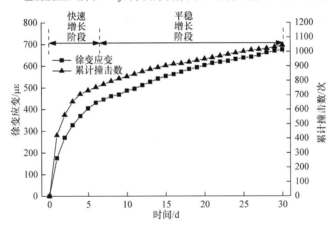

图 2.68 C 组混凝土试件在 0.7f_c 荷载持续作用下的徐变应变-时间-累计撞击数图

2.5 本 章 小 结

本章采用室内试验的方法，比选了冲击回波法及声发射法对混凝土损伤检测的效果，研究了不同程度初始损伤混凝土试件在轴压荷载作用下的损伤特性，以及在高水平荷载持续作用下损伤与徐变的相互作用，主要得出以下结论：

(1) 冲击回波法对混凝土内部损伤程度的检测是正确可行的，弹性波波速与混凝土内部损伤程度的大小具有很好的相关性。同时，弹性波波速降低程度与用抗压强度劣化程度定义的损伤变量之间具有良好的线性相关性，因此弹性波波速降低程度也可以反映混凝土的损伤程度。在荷载持续作用下，相比弹性回波法，声发射参数的变化在荷载持续作用下更具有规律性，因此在荷载持续作用下的损伤宜采用声发射法进行监测。

（2）引气剂的掺入降低了混凝土试件抗压强度，增大了混凝土试件内部初始损伤程度，从而延长了压密阶段时长，并使混凝土试件更早地进入塑性变形阶段。整体而言，混凝土试件的损伤主要出现在塑性变形阶段和峰后破坏阶段两个阶段。同时，混凝土初始损伤越大，在相同的荷载等级下 Felicity 比越小，Kaiser 效应的应力上限水平也越低。表明在荷载等级相同的情况下，初始损伤会加剧混凝土内部损伤的发展。

（3）在为期 30d 的荷载持续作用时间段内，混凝土经历了衰减徐变阶段和稳定徐变阶段两个阶段。在衰减徐变阶段，混凝土徐变应变快速增加，但徐变应变增长速率呈逐渐减小的趋势，并在稳定徐变阶段进一步减小；同时，混凝土初始损伤程度越高，衰减徐变阶段时间越长，在同等水平荷载持续作用下混凝土整体的徐变变形越大，且荷载水平越高，混凝土内部损伤对徐变变形的影响就越大。

（4）在荷载持续作用下，振铃计数率、能量率及累计撞击数发展规律与徐变应变发展速率相似。在衰减徐变阶段，各参数相对较大，但随着时间的推移，在稳定徐变阶段，各参数逐渐减小并趋于平稳；且持续作用荷载水平越高，混凝土含气量越大，各声发射参数发展越剧烈，证明了混凝土内部损伤与徐变之间的相互促进作用。

参 考 文 献

[1] 过镇海. 混凝土的强度和变形——试验基础和本构关系[M]. 北京: 清华大学出版社, 1997.

[2] 李清富, 李瑞锋, 李平先. 水工混凝土结构损伤的特点和原因浅析[J]. 郑州工学院学报, 1994, 15(1): 20-24.

[3] NEVILLE A M, DILGER W H, BROOKS J J. Creep of Plain and Structural Concrete[M]. London: Construction Press, 1983.

[4] ASAMOTO S, KATO K, MAKI T. Effect of creep induction at an early age on subsequent prestress loss and structural response of prestressed concrete beam[J]. Construction and Building Materials, 2014, 70: 158-164.

[5] COOK D J, CHINDAPRASIRT P. Influence of loading history upon the compressive properties of concrete[J]. Magazine of Concrete Research, 1980, 32(111): 89-100.

[6] 邱玲, 徐道远, 朱为玄, 等. 混凝土压缩时初始损伤及损伤演变的试验研究[J]. 合肥工业大学学报(自然科学版), 2001, 24(6): 1061-1065.

[7] 李兆霞. 损伤力学及其应用[M]. 北京: 科学出版社, 2002.

[8] 中华人民共和国住房和城乡建设部. 混凝土结构设计规范: GB 50010—2010[S]. 北京: 中国建筑工业出版社, 2010.

[9] 江鹏. 早龄期混凝土受压徐变的非线性模型[D]. 北京: 北京交通大学, 2016.

[10] 张楯. 混凝土单向受载全过程的声发射试验研究[D]. 武汉: 中国地质大学, 2011.

[11] 杨明纬. 声发射检测[M]. 北京: 机械工业出版社, 2005.

[12] 国防科技工业无损检测人员资格鉴定与认证培训教材编审委员会. 声发射检测[M]. 北京: 机械工业出版社, 2005.

[13] 逯静洲, 林皋, 肖诗云, 等. 混凝土材料经历三向受压荷载历史后抗压强度劣化的研究[J]. 水利学报, 2001 (11): 8-14.

[14] 邓爱民, 徐道远, 符晓陵, 等. 混凝土单轴拉伸损伤试验研究[J]. 合肥工业大学学报(自然科学版), 2003, 26(1): 77-80.

[15] 中华人民共和国水利部. 水工混凝土试验规程: SL/T 352—2020[S]. 北京: 中国水利水电出版社, 2020.

[16] KUBISSA W, JASKULSKI R, GRZELAK M. Torrent air permeability and sorptivity of concrete made with the use of air entraining agent and citric acid as setting retardant[J]. Construction and Building Materials, 2021, 268: 121703.

[17] YANG Z, HE R, GAN V J L, et al. Effect of nano-SiO$_2$ hydrosol on size distribution, coalescence and collapse of entrained air bubbles in fresh cement mortar[J]. Construction and Building Materials, 2020, 264: 120277.

[18] 陈宗平, 陈宇良. 三向受压状态下再生混凝土的变形性能及损伤分析[J]. 应用力学学报, 2016, 33(5): 799-805.

[19] 纪洪广, 李造鼎. 混凝土材料凯塞效应与 Felicity 效应关系的实验研究[J]. 应用声学, 1997, 16(6): 30-33.

[20] 张力伟, 赵颖华, 范颖芳, 等. 腐蚀混凝土损伤特征的声发射试验研究[J]. 建筑材料学报, 2013, 16(5): 763-769.

[21] 谢竞, 吴韶斌. 高持续荷载下的混凝土徐变破坏试验[J]. 湖南水利水电, 2015 (4): 33-35.

[22] 郑丹. 考虑徐变和损伤耦合的混凝土统计损伤本构模型[J]. 水利学报, 2012, 43(S1): 125-130.

[23] 李兴贵. 高拉应力作用下混凝土的徐变和徐变破坏[J]. 河海大学学报, 1996, 24(4): 60-66.

[24] 李兆霞. 高压应力作用下混凝土的徐变和徐变破坏[J]. 河海大学学报, 1988, 16(1): 105-108, 125.

[25] 刘国军, 杨永清, 郭凡, 等. 混凝土单轴受压时的徐变损伤研究[J]. 铁道建筑, 2012 (12): 163-165.

[26] 刘玉平. 持续荷载作用下粉煤灰混凝土力学性能依时发展规律研究[D]. 北京: 北京交通大学, 2012.

[27] 曹健, 刘觐芳, 韩子阳, 等. 干湿循环作用下粉煤灰混凝土徐变试验研究[J]. 南昌工程学院学报, 2017, 36(4): 6-9.

[28] 张晓龙. 荷载损伤混凝土损伤指标选取及其对耐久性的影响[D]. 杭州: 浙江大学, 2015.

[29] WEI Y, GUO W Q, LIANG S M. Microprestress-solidification theory-based tensile creep modeling of early-age concrete: Considering temperature and relative humidity effects[J]. Construction and Building Materials, 2016, 127: 618-626.

[30] TAMTSIA B T, BEAUDOIN J J. Basic creep of hardened cement paste A re-examination of the role of water[J]. Cement and Concrete Research, 2000, 30(9): 1465-1475.

第3章 荷载持续作用下混凝土面板徐变损伤特性

3.1 引 言

混凝土面板作为混凝土面板堆石坝的主要防渗体[1,2]，是由不同粒径的骨料、胶凝砂浆材料及水等多种物质构成的不均匀复合材料，其力学性能复杂[3,4]。在混凝土面板堆石坝服役期内，面板承受多种荷载的长期作用，不可避免会产生徐变变形。徐变变形会引起混凝土面板内力重新分布及应力损失[5,6]，从而导致面板损伤及强度降低[7-9]，甚至可能使面板产生贯穿裂缝，从而威胁大坝的整体安全性，缩短大坝的使用寿命。例如，我国在 20 世纪 80 年代修建的西北口面板堆石坝，在蓄水后短短两年内，混凝土面板便已产生了上百条裂缝[10]。图 3.1 为西北口混凝土面板裂缝分布图。因此，徐变变形是混凝土面板堆石坝设计及施工过程中需重点考虑的问题[9,11]。

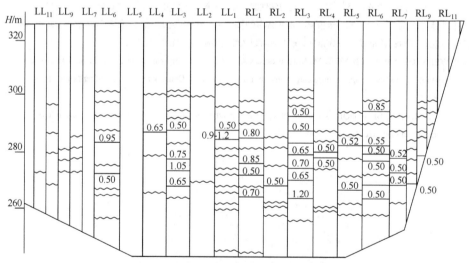

图 3.1 西北口混凝土面板裂缝分布图[12]

图中数字表示各裂缝宽度；"——"表示裂缝宽度≥0.5mm；"〜〜"表示裂缝宽度为 0.3～0.5mm；H 表示高程；LL_i 表示坝体中纵剖面以左第 i 块面板；RL_i 表示坝体中纵剖面以右第 i 块面板

研究表明，混凝土的徐变变形行为与其承受的持续荷载水平密切相关[13-18]。在低荷载水平下，混凝土的徐变变形为线性徐变，而在高荷载水平下，混凝土的徐变变形为非线性徐变[19-21]。所谓非线性徐变是指混凝土的徐变变形不再符合玻尔兹曼叠加原理(Boltzmann superposition principle)，而非线性徐变的主要物理原因是微裂缝的产生和扩展[22-24]。由于水泥浆收缩、水分蒸发等原因，在荷载作用前混凝土内部就存在一定的损伤，即存在微裂缝和孔隙，当混凝土承受高水平荷载作用时，混凝土内部的微裂缝逐渐开始扩展，并穿透水泥砂浆产生新的微裂缝，更有甚者穿透骨料形成贯穿裂缝。微裂缝的扩展进一步促进徐变的发展，而徐变的发展又反过来促进损伤的累积，使得混凝土的徐变变形表现出明显的非线性。因此，混凝土的徐变变形行为是徐变与损伤共同作用的结果。准确、合理地预测混凝土面板徐变变形的发展是解决其徐变问题的关键难点。

现有徐变预测模型(如 CEB-FIP 模型[25]、ACI209 模型[26]、GL-2000 模型[27]等)均是建立在玻尔兹曼叠加原理的基础上，未考虑混凝土徐变与损伤的相互作用，无法准确地表征混凝土面板的非线性徐变特性。因此，一旦作用在混凝土面板上的荷载偏大，采用现有模型预测的变形结果就会与实际变形存在较大误差。鉴于此，本章基于统计损伤理论考虑混凝土徐变与损伤的耦合效应，建立混凝土徐变损伤耦合模型，揭示不同水平荷载持续作用下混凝土徐变损伤的发展规律，并研究混凝土面板运行期内的应力变形及徐变损伤特性。

3.2　混凝土徐变损伤耦合模型

3.2.1　混凝土徐变损伤耦合模型的建立

由于混凝土在长期荷载作用下的变形是徐变和损伤共同作用的结果，为了更加准确地预测不同水平荷载持续作用下混凝土的徐变变形，通过引入损伤变量 D，考虑损伤与徐变的相互作用，并构建混凝土徐变损伤耦合模型，进而提高混凝土徐变变形的预测精度。

将混凝土在长期荷载作用下产生的应变分为两个部分，即弹性应变及徐变应变，通常认为弹性应变只与应力相关，徐变应变与荷载作用的时长相关。假设在 τ 时刻对混凝土施加荷载，混凝土受到应力 $\sigma(\tau)$ 的作用时，则会产生弹性应变 $\varepsilon^e(\tau)$，以及随着时间 t 不断增大的徐变应变 $\varepsilon^c(t)$，则 t 时间混凝土的总应变 $\varepsilon(t)$ 如式(3.1)所示[28]

$$\varepsilon(t) = \varepsilon^e(\tau) + \varepsilon^c(t) = \frac{\sigma(\tau)}{E(\tau)} + \sigma(\tau)C(t,\tau) \tag{3.1}$$

式中，$E(\tau)$——龄期 τ 时刻混凝土的弹性模量，MPa；

　　　　$C(t,\tau)$——徐变度，MPa^{-1}。

根据勒梅特应变等价原理可知，有效应力 σ' 作用在无损混凝土材料上产生的应变与名义应力 σ 作用在受损混凝土材料上产生的应变等效[29,30]。

$$\varepsilon = \frac{\sigma}{E'} = \frac{\sigma'}{E} = \frac{\sigma}{(1-D)E} \tag{3.2}$$

式中，E——无损混凝土材料的弹性模量，MPa；

　　　　E'——受损混凝土材料的弹性模量，MPa；

　　　　D——损伤变量。

因此，受损混凝土材料的变形行为可通过有效应力来体现，将式(3.1)中的名义应力用有效应力替代，即可得到徐变损伤耦合模型的基本方程。

$$\varepsilon(t) = \frac{\sigma'(\tau)}{E(\tau)} + \sigma'(\tau)C(t,\tau) \tag{3.3}$$

其中，

$$\sigma'(\tau) = \frac{\sigma(\tau)}{1-D} \tag{3.4}$$

式中，$\varepsilon(t)$——受损混凝土材料的总应变；

　　　　$\sigma'(\tau)$——受损混凝土材料的有效应力，MPa；

　　　　$\sigma(\tau)$——受损混凝土材料的名义应力，MPa。

3.2.2　损伤变量演化方程的构建

徐变损伤耦合模型核心是获得损伤变量 D 的演化方程，在统计损伤力学中，可将损伤变量 D 定义为材料在荷载作用下完全损伤的微单元个数 N_F 与总单元个数 N 的比值[31]。

通常，可采用威布尔分布表征混凝土材料单元强度 F 分布的不均匀性，则混凝土材料单元强度概率密度函数 $P(F)$[32]如式(3.5)所示：

$$P(F) = \frac{m}{F_0}\left(\frac{F}{F_0}\right)^{m-1} \exp\left[-\left(\frac{F}{F_0}\right)^m\right] \tag{3.5}$$

式中，F——混凝土材料单元强度；

　　　　F_0，m——混凝土材料物理力学性质的威布尔分布参数。

当 F 超过 F_0 时,微单元便会发生破坏,故在一定荷载下破坏的微单元个数 N_F 可表示为

$$N_F = \int_0^F NP(x)\mathrm{d}x \tag{3.6}$$

联立式(3.5)和式(3.6),即可得到损伤变量 D 的演化方程[33,34]:

$$D = \int_0^F P(x)\mathrm{d}x = 1 - \exp\left[-\left(\frac{F}{F_0}\right)^m\right] \tag{3.7}$$

本节将 F 定义为微单元的有效应变能,即 $F = \sigma'[\varepsilon^e(t) + \varepsilon^c(t)]$。将式(3.7)代入式(3.4),可得单轴荷载作用下混凝土材料的损伤本构关系为

$$\sigma(t) = E\varepsilon^e(t)\exp\left(-\left\{\frac{\sigma'[\varepsilon^e(t) + \varepsilon^c(t)]}{F_0}\right\}^m\right) \tag{3.8}$$

荷载短期作用时,t 近似于 0,则 $\varepsilon(t) = \varepsilon^e(t)$,$\sigma(t) = \sigma'(t)$,代入式(3.8)可表示为

$$\sigma(t) = E\varepsilon(t)\exp\left\{-\left[\frac{\sigma(t)\varepsilon(t)}{F_0}\right]^m\right\} \tag{3.9}$$

当混凝土应力达到峰值强度点 $C(\varepsilon_c, \sigma_c)$ 时,$\mathrm{d}\sigma(t)/\mathrm{d}\varepsilon(t) = 0$,因此对式(3.9)求导可得

$$\left.\frac{\mathrm{d}\sigma(t)}{\mathrm{d}\varepsilon(t)}\right|_{\substack{\sigma(t)=\sigma_c \\ \varepsilon(t)=\varepsilon_c}} = E\left[1 - m\left(\frac{\sigma_c\varepsilon_c}{F_0}\right)^m\right]\exp\left[-\left(\frac{\sigma_c\varepsilon_c}{F_0}\right)^m\right] = 0 \tag{3.10}$$

同时,式(3.9)在峰值强度点 $C(\varepsilon_c, \sigma_c)$ 处应满足:

$$\sigma_c = E\varepsilon_c\exp\left[-\left(\frac{\sigma_c\varepsilon_c}{F_0}\right)^m\right] \tag{3.11}$$

联立求解非线性二元方程式(3.10)、式(3.11),整理后威布尔分布参数 F_0 和 m 分别表示为

$$m = -\frac{1}{\ln\dfrac{\sigma_c}{E\varepsilon_c}} \tag{3.12}$$

$$F_0 = \sigma_c\varepsilon_c m^{1/m} \tag{3.13}$$

由此可见，只需确定混凝土材料的峰值强度点 $C(\varepsilon_c, \sigma_c)$ ，便可通过式(3.12)、式(3.13)求得威布尔分布参数 F_0 和 m ，进而构建损伤变量 D 的演化方程。

3.2.3　混凝土徐变损伤耦合模型程序开发

1. 弹性徐变理论

在复杂应力条件下，混凝土承受的应力是不断变化的，因此在进行徐变变形计算时还需考虑历史应力，不仅降低了计算效率，也降低了计算精度。文献[35]提出了一种弹性徐变的隐式算法，该方法不必存储历史应力，从时间和空间上提高了计算效率，同时保证了计算精度。

采用有限元求解徐变变形问题时，通常将时间划分为若干个不等时间段，文献[35]提出的算法认为，在各时间段内应力与时间呈线性相关。在荷载持续作用下，混凝土弹性应变及徐变应变分别采用式(3.14)及式(3.15)进行计算。

$$\varepsilon^e(t) = \frac{\sigma(\tau_0)}{E(\tau_0)} + \int_{\tau_0}^{t} \frac{1}{E(\tau)} \frac{d\sigma}{d\tau} d\tau \tag{3.14}$$

$$\varepsilon^c(t) = \sigma(\tau_0)C(t,\tau_0) + \int_{\tau_0}^{t} C(t,\tau) \frac{d\sigma}{d\tau} d\tau \tag{3.15}$$

取任一时间段 $\Delta\tau_n$ ，在 $\Delta\tau_n$ 内，弹性应变增量 $\Delta\varepsilon_n^e$ 为

$$\Delta\varepsilon_n^e = \varepsilon^e(t_n) - \varepsilon^e(t_{n-1}) = \int_{\tau_{n-1}}^{\tau} \frac{1}{E(\tau)} \frac{d\sigma}{d\tau} d\tau = \left(\frac{d\sigma}{d\tau}\right)_n \int_{\tau_{n-1}}^{\tau} \frac{1}{E(\tau)} d\tau \tag{3.16}$$

根据积分中值定理，当 $\Delta\tau_n$ 趋于无穷小时，中点龄期 $\bar{\tau}_n$ 对应弹性模量 $E(\bar{\tau}_n)$ 基本等于 $E(\tau)$ ，对式(3.16)进行改进可得

$$\Delta\varepsilon_n^e = \frac{1}{E(\bar{\tau}_n)}\left(\frac{d\sigma}{d\tau}\right)_n (\tau_n - \tau_{n-1}) = \frac{\Delta\sigma_n}{E(\bar{\tau}_n)} \tag{3.17}$$

接下来推求徐变应变增量 $\Delta\varepsilon_n^c$ ，假设混凝土试件从 τ_0 时刻开始受力，则混凝土 t 时刻的徐变应变 $\varepsilon^c(t)$ 为

$$\varepsilon^c(t) = \Delta\sigma_0 C(t,\tau_0) + \sum_n \int_{\tau_{n-1}}^{\tau_n} C(t,\tau) \frac{d\sigma}{d\tau} d\tau$$

$$= \Delta\sigma_0 C(t,\tau_0) + \sum_n \left(\frac{d\sigma}{d\tau}\right)_n \int_{\tau_{n-1}}^{\tau_n} C(t,\tau) \frac{d\sigma}{d\tau} d\tau \tag{3.18}$$

式中，$\Delta\sigma_0$ 表示 $\Delta\tau_0$ 时刻的应力增量。

同理，根据积分中值定理，当 $\Delta\tau_n$ 趋于无穷小时，中点龄期 $\bar{\tau}_n$ 对应的徐变度 $C(t,\bar{\tau}_n)$ 基本等于 $C(t,\tau)$ ，则对式(3.18)进行改进可得

$$\varepsilon^{c}(t) = \Delta\sigma_0 C(t,\tau_0) + \sum_n C(t,\overline{\tau}_n)\left(\frac{\mathrm{d}\sigma}{\mathrm{d}\tau}\right)_n \Delta\tau_n$$
$$= \Delta\sigma_0 C(t,\tau_0) + \sum_n C(t,\overline{\tau}_n)\Delta\sigma_n \tag{3.19}$$

设混凝土徐变度 $C(t,\tau)$ 为

$$C(t,\tau) = \psi(\tau)\left[1 - \mathrm{e}^{-r(t-\tau)}\right] \tag{3.20}$$

将式(3.20)代入式(3.19)，可得

$$\varepsilon^{c}(t) = \Delta\sigma_0\psi(\tau_0)[1 - \mathrm{e}^{-r(t-\tau_0)}] + \sum_n \Delta\sigma_n\psi(\overline{\tau}_n)[1 - \mathrm{e}^{-r(t-\overline{\tau}_n)}] \tag{3.21}$$

取三个相邻时刻 t_{n-1}、t_n、t_{n+1}，则相邻时间步长 $\Delta\tau_n$、$\Delta\tau_{n+1}$ 分别为

$$\Delta\tau_n = t_n - t_{n-1} \tag{3.22}$$

$$\Delta\tau_{n+1} = t_{n+1} - t_n \tag{3.23}$$

由式(3.21)求得三个相邻时刻的徐变应变分别为

$$\begin{aligned}
\varepsilon^{c}(t_{n-1}) = {} & \Delta\sigma_0\psi(\tau_0)\left[1 - \mathrm{e}^{-r(t_n - \Delta\tau_n - \tau_0)}\right] \\
& + \Delta\sigma_1\psi(\overline{\tau}_1)\left[1 - \mathrm{e}^{-r(t_n - \Delta\tau_n - \overline{\tau}_1)}\right] + \cdots \\
& + \Delta\sigma_{n-1}\psi(\overline{\tau}_{n-1})\left[1 - \mathrm{e}^{-r(t_n - \Delta\tau_n - \overline{\tau}_{n-1})}\right]
\end{aligned} \tag{3.24}$$

$$\begin{aligned}
\varepsilon^{c}(t_n) = {} & \Delta\sigma_0\psi(\tau_0)\left[1 - \mathrm{e}^{-r(t_n - \tau_0)}\right] \\
& + \Delta\sigma_1\psi(\overline{\tau}_1)\left[1 - \mathrm{e}^{-r(t_n - \overline{\tau}_1)}\right] + \cdots \\
& + \Delta\sigma_{n-1}\psi(\overline{\tau}_{n-1})\left[1 - \mathrm{e}^{-r(t_n - \overline{\tau}_{n-1})}\right] \\
& + \Delta\sigma_n\psi(\overline{\tau}_n)\left[1 - \mathrm{e}^{-r(t_n - \overline{\tau}_n)}\right]
\end{aligned} \tag{3.25}$$

$$\begin{aligned}
\varepsilon^{c}(t_{n+1}) = {} & \Delta\sigma_0\psi(\tau_0)\left[1 - \mathrm{e}^{-r(t_n + \Delta\tau_{n+1} - \tau_0)}\right] \\
& + \Delta\sigma_1\psi(\overline{\tau}_1)\left[1 - \mathrm{e}^{-r(t_n + \Delta\tau_{n+1} - \overline{\tau}_1)}\right] + \cdots \\
& + \Delta\sigma_{n-1}\psi(\overline{\tau}_{n-1})\left[1 - \mathrm{e}^{-r(t_n + \Delta\tau_{n+1} - \overline{\tau}_{n-1})}\right] \\
& + \Delta\sigma_n\psi(\overline{\tau}_n)\left[1 - \mathrm{e}^{-r(t_n + \Delta\tau_{n+1} - \overline{\tau}_n)}\right] \\
& + \Delta\sigma_{n+1}\psi(\overline{\tau}_{n+1})\left[1 - \mathrm{e}^{-r(t_n + \Delta\tau_{n+1} - \overline{\tau}_{n+1})}\right]
\end{aligned} \tag{3.26}$$

式(3.25)和式(3.24)相减可得

$$
\begin{aligned}
\Delta\varepsilon_n^c &= \varepsilon^c(t_n) - \varepsilon^c(t_{n-1}) \\
&= \Delta\sigma_0\psi(\tau_0)\Big[\mathrm{e}^{-r(t_n-\Delta\tau_n-\tau_0)} - \mathrm{e}^{-r(t_n-\tau_0)}\Big] \\
&\quad + \Delta\sigma_1\psi(\overline{\tau}_1)\Big[\mathrm{e}^{-r(t_n-\Delta\tau_n-\overline{\tau}_1)} - \mathrm{e}^{-r(t_n-\overline{\tau}_1)}\Big] + \cdots \\
&\quad + \Delta\sigma_{n-1}\psi(\overline{\tau}_{n-1})\Big[\mathrm{e}^{-r(t_n-\Delta\tau_n-\overline{\tau}_{n-1})} - \mathrm{e}^{-r(t_n-\overline{\tau}_{n-1})}\Big] \\
&\quad + \Delta\sigma_n\psi(\overline{\tau}_n)\Big[1 - \mathrm{e}^{-r(t_n-\overline{\tau}_n)}\Big] \\
&= (1-\mathrm{e}^{-r\Delta\tau_n})\Big[\Delta\sigma_0\psi(\tau_0)\mathrm{e}^{-r(t_n-\Delta\tau_n-\tau_0)} \\
&\quad + \Delta\sigma_1\psi(\overline{\tau}_1)\mathrm{e}^{-r(t_n-\Delta\tau_n-\overline{\tau}_1)} + \cdots \\
&\quad + \Delta\sigma_{n-1}\psi(\overline{\tau}_{n-1})\mathrm{e}^{-r(t_n-\Delta\tau_n-\overline{\tau}_{n-1})}\Big] \\
&\quad + \Delta\sigma_n\psi(\overline{\tau}_n)\Big[1 - \mathrm{e}^{-r(t_n-\overline{\tau}_n)}\Big]
\end{aligned}
\tag{3.27}
$$

同理，式(3.26)与式(3.25)相减可得

$$
\begin{aligned}
\Delta\varepsilon_{n+1}^c &= \varepsilon^c(t_{n+1}) - \varepsilon^c(t_n) \\
&= (1-\mathrm{e}^{-r\Delta\tau_{n+1}})\Big[\Delta\sigma_0\psi(\tau_0)\mathrm{e}^{-r(t_n-\tau_0)} \\
&\quad + \Delta\sigma_1\psi(\overline{\tau}_1)\mathrm{e}^{-r(t_n-\overline{\tau}_1)} + \cdots \\
&\quad + \Delta\sigma_{n-1}\psi(\overline{\tau}_{n-1})\mathrm{e}^{-r(t_n-\overline{\tau}_{n-1})} \\
&\quad + \Delta\sigma_n\psi(\overline{\tau}_n)\mathrm{e}^{-r(t_n-\overline{\tau}_n)}\Big] \\
&\quad + \Delta\sigma_{n+1}\psi(\overline{\tau}_{n+1})\Big[1 - \mathrm{e}^{-r(t_n+\Delta\tau_{n+1}-\overline{\tau}_{n+1})}\Big]
\end{aligned}
\tag{3.28}
$$

比较式(3.27)和式(3.28)，可得出一组递推公式：

$$
\begin{cases}
\Delta\varepsilon_{n+1}^c = (1-\mathrm{e}^{-r\Delta\tau_{n+1}})\omega_{n+1} + \Delta\sigma_{n+1}C(t_{n+1},\overline{\tau}_{n+1}) \\
\omega_{n+1} = \omega_n\mathrm{e}^{-r\Delta\tau_n} + \Delta\sigma_n\psi(\overline{\tau}_n)\mathrm{e}^{-0.5r\Delta\tau_n} \\
\omega_1 = \Delta\sigma_0\psi(\tau_0)
\end{cases}
\tag{3.29}
$$

式(3.29)也可改写为

$$
\begin{cases}
\Delta\varepsilon_n^c = (1-\mathrm{e}^{-r\Delta\tau_n})\omega_n + \Delta\sigma_nC(t_n,\overline{\tau}_n) \\
\omega_n = \omega_{n-1}\mathrm{e}^{-r\Delta\tau_{n-1}} + \Delta\sigma_{n-1}\psi(\overline{\tau}_{n-1})\mathrm{e}^{-0.5r\Delta\tau_{n-1}} \\
\omega_1 = \Delta\sigma_0\psi(\tau_0)
\end{cases}
\tag{3.30}
$$

当混凝土徐变度表示为

$$
C(t,\tau) = \sum_{s=i}\psi_s(\tau)\Big[1 - \mathrm{e}^{-r_s(t-\tau)}\Big]
\tag{3.31}
$$

则徐变应变增量可由式(3.32)求得

$$\begin{cases} \Delta\varepsilon_n^c = \sum_s (1 - e^{-r_s\Delta\tau_n})\omega_{sn} + \Delta\sigma_n C(t_n, \overline{\tau}_n) \\ \qquad = \eta_n + \Delta\sigma_n C(t_n, \overline{\tau}_n) \\ \eta_n = \sum_s (1 - e^{-r_s\Delta\tau_n})\omega_{sn} \\ \omega_{sn} = \omega_{s,n-1}e^{-r_s\Delta\tau_{n-1}} + \Delta\sigma_{n-1}\psi_s(\overline{\tau}_{n-1})e^{-0.5r_s\Delta\tau_{n-1}} \\ \omega_{s1} = \Delta\sigma_0\psi_s(\tau_0) \end{cases} \tag{3.32}$$

式(3.32)为一组递推公式，在进行相关计算时只需存储 ω_{sn}，便可大大节约计算的存储空间，提高计算效率。

对于空间问题，取列矩阵：

$$\{\varepsilon\} = [\varepsilon_x, \varepsilon_y, \varepsilon_z, \gamma_{xy}, \gamma_{yz}, \gamma_{zx}]^T \tag{3.33}$$

$$\{\sigma\} = [\sigma_x, \sigma_y, \sigma_z, \tau_{xy}, \tau_{yz}, \tau_{zx}]^T \tag{3.34}$$

则混凝土在长期荷载作用下的总应变列矩阵 $\{\Delta\varepsilon_n\}$ 为

$$\{\Delta\varepsilon_n\} = \{\Delta\varepsilon_n^e\} + \{\Delta\varepsilon_n^c\} \tag{3.35}$$

其中，弹性应变增量列矩阵 $\{\Delta\varepsilon_n^e\}$ 及徐变应变增量列矩阵 $\{\Delta\varepsilon_n^c\}$ 分别为

$$\{\Delta\varepsilon_n^e\} = \frac{1}{E(\overline{\tau}_n)}[Q]\{\Delta\sigma_n\} \tag{3.36}$$

$$\{\Delta\varepsilon_n^c\} = \{\eta_n\} + C(t_n, \overline{\tau}_n)[Q]\{\Delta\sigma_n\} \tag{3.37}$$

其中，

$$[Q] = \begin{bmatrix} 1 & -\mu & -\mu & 0 & 0 & 0 \\ -\mu & 1 & -\mu & 0 & 0 & 0 \\ -\mu & -\mu & 1 & 0 & 0 & 0 \\ 0 & 0 & 0 & 2(1+\mu) & 0 & 0 \\ 0 & 0 & 0 & 0 & 2(1+\mu) & 0 \\ 0 & 0 & 0 & 0 & 0 & 2(1+\mu) \end{bmatrix} \tag{3.38}$$

$$\{\eta_n\} = \sum_s (1 - e^{-r_s\Delta\tau_n})\{\omega_{sn}\} \tag{3.39}$$

$$\{\omega_{sn}\} = \{\omega_{s,n-1}\}e^{-r_s\Delta\tau_{n-1}} + [Q]\{\Delta\sigma_{n-1}\}\psi_s(\overline{\tau}_{n-1})e^{-0.5r_s\Delta\tau_{n-1}} \tag{3.40}$$

将式(3.36)及式(3.37)代入式(3.35)，得

$$\{\Delta\varepsilon_n\} = \frac{1}{E(\overline{\tau}_n)}[Q]\{\Delta\sigma_n\} + \{\eta_n\} + C(t_n, \overline{\tau}_n)[Q]\{\Delta\sigma_n\} \tag{3.41}$$

整理可得，复杂应力状态下应力增量 $\{\Delta\sigma_n\}$ 和应变增量 $\{\Delta\varepsilon_n\}$ 的关系为

$$\{\Delta\sigma_n\} = [\bar{D}_n](\{\Delta\varepsilon_n\} - \{\eta_n\}) \tag{3.42}$$

其中，

$$[\bar{D}_n] = \bar{E}_n [Q]^{-1} \tag{3.43}$$

$$\bar{E}_n = \frac{E(\bar{\tau}_n)}{1 + E(\bar{\tau}_n)C(t_n, \bar{\tau}_n)} \tag{3.44}$$

$$[Q]^{-1} = \frac{1-\mu}{(1+\mu)(1-2\mu)}\begin{bmatrix} 1 & \dfrac{\mu}{1-\mu} & \dfrac{\mu}{1-\mu} & 0 & 0 & 0 \\[2mm] \dfrac{\mu}{1-\mu} & 1 & \dfrac{\mu}{1-\mu} & 0 & 0 & 0 \\[2mm] \dfrac{\mu}{1-\mu} & \dfrac{\mu}{1-\mu} & 1 & 0 & 0 & 0 \\[2mm] 0 & 0 & 0 & \dfrac{1-2\mu}{2(1-\mu)} & 0 & 0 \\[2mm] 0 & 0 & 0 & 0 & \dfrac{1-2\mu}{2(1-\mu)} & 0 \\[2mm] 0 & 0 & 0 & 0 & 0 & \dfrac{1-2\mu}{2(1-\mu)} \end{bmatrix} \tag{3.45}$$

2. 复杂应力下的混凝土徐变损伤耦合模型

前述介绍了复杂应力下未考虑损伤时徐变的计算方法，基于弹性徐变理论，进一步引入损伤变量 D，则复杂应力条件下，考虑徐变损伤耦合作用时，混凝土总应变增量列矩阵 $\{\Delta\varepsilon_n'\}$ 包含四部分，如式(3.46)所示：

$$\{\Delta\varepsilon_n'\} = \{\Delta\varepsilon_n^{e'}\} + \{\Delta\varepsilon_n^{c'}\} + \{\Delta\varepsilon_n^{de'}\} + \{\Delta\varepsilon_n^{dc'}\} \tag{3.46}$$

其中，

$$\{\Delta\varepsilon_n^{e'}\} = \frac{\{\Delta\varepsilon_n^e\}}{1-D_{n-1}} = \frac{1}{E(\bar{\tau}_n)(1-D_{n-1})}[Q]\{\Delta\sigma_n\}$$

$$\{\Delta\varepsilon_n^{c'}\} = \frac{\{\Delta\varepsilon_n^c\}}{1-D_{n-1}} = \frac{\{\eta_n\}}{1-D_{n-1}} + \frac{C(t_n, \bar{\tau}_n)[Q]\{\Delta\sigma_n\}}{1-D_{n-1}}$$

$$\{\Delta\varepsilon_n^{de'}\} = \frac{\{\varepsilon_{n-1}^{e'}\}(1-D_{n-2})}{1-D_{n-1}} - \{\varepsilon_{n-1}^{e'}\} = \frac{D_{n-1}-D_{n-2}}{1-D_{n-1}}\{\varepsilon_{n-1}^{e'}\}$$

$$\{\Delta\varepsilon_n^{\mathrm{dc}'}\} = \frac{\{\varepsilon_{n-1}^{\mathrm{c}'}\}(1-D_{n-2})}{1-D_{n-1}} - \{\varepsilon_{n-1}^{\mathrm{c}'}\} = \frac{D_{n-1}-D_{n-2}}{1-D_{n-1}}\{\varepsilon_{n-1}^{\mathrm{c}'}\}$$

式中，$\{\Delta\varepsilon_n^{\mathrm{e}'}\}$——考虑损伤时因应力增加导致的弹性应变增量列矩阵；

$\quad\quad\{\Delta\varepsilon_n^{\mathrm{e}}\}$——不考虑损伤时因应力增加导致的弹性应变增量列矩阵；

$\quad\quad\{\Delta\varepsilon_n^{\mathrm{c}'}\}$——考虑损伤时因应力增加导致的徐变应变增量列矩阵；

$\quad\quad\{\Delta\varepsilon_n^{\mathrm{c}}\}$——不考虑损伤时因应力增加导致的徐变应变增量列矩阵；

$\quad\quad\{\Delta\varepsilon_n^{\mathrm{de}'}\}$——考虑损伤时因损伤增大而导致的弹性应变增量列矩阵；

$\quad\quad\{\varepsilon_{n-1}^{\mathrm{e}'}\}$——考虑损伤时第($n$-1)增量步的累积弹性应变列矩阵；

$\quad\quad\{\Delta\varepsilon_n^{\mathrm{dc}'}\}$——考虑损伤时因损伤增大而导致的徐变应变增量列矩阵；

$\quad\quad\{\varepsilon_{n-1}^{\mathrm{c}'}\}$——考虑损伤时第($n$-1)增量步的累积徐变应变列矩阵；

$\quad\quad D_{n-1}$——第(n-1)增量步的损伤变量；

$\quad\quad D_{n-2}$——第(n-2)增量步的损伤变量。

整理后可得，考虑混凝土徐变损伤耦合作用时的应力、应变增量关系为

$$\{\Delta\sigma_n\} = [\bar{D}_n](1-D_{n-1})\left(\{\Delta\varepsilon_n'\} - \frac{\{\eta_n\}}{1-D_{n-1}} - \frac{D_{n-1}-D_{n-2}}{1-D_{n-1}}\{\varepsilon_{n-1}^{\mathrm{e}'}\} - \frac{D_{n-1}-D_{n-2}}{1-D_{n-1}}\{\varepsilon_{n-1}^{\mathrm{c}'}\}\right)$$

$$(3.47)$$

3. UMAT 子程序二次开发

ABAQUS 软件拥有强大的二次开发功能[36]。本小节选取用户自定义材料子程序 UMAT 进行二次开发，UMAT 可用于定义材料的本构关系，其核心是必须提供材料本构的雅可比矩阵(Jacobian matrix)，即应力增量对应变增量的变化率[37]。

主程序与子程序之间需要相互传送数据，因此子程序需采用固定格式进行初始定义，并且与求解过程相关的状态变量需随着求解过程的推进而更新。根据本章介绍的混凝土徐变损伤模型及 UMAT 子程序编译的相关要求，编制相应的徐变损伤 UMAT 子程序。图 3.2 为徐变损伤 UMAT 子程序基本流程图。

(1) 在平衡时刻 t_n，主程序向 UMAT 子程序提供时间增量步长 Δt、总应变增量 $\{\Delta\varepsilon'(t_n)\}$、总应变 $\{\varepsilon'(t_n)\}$ 及 t_n 时刻的应力 $\{\sigma(t_n)\}$ 等。

(2) UMAT 子程序内定义材料参数常量、弹性模量 $E(\tau)$、徐变度 $C(t,\tau)$，并获取各状态变量数组。

(3) 根据式(3.43)构建材料的雅可比矩阵。

(4) 通过求得的雅可比矩阵及主程序提供的总应变增量 $\{\Delta\varepsilon'(t_n)\}$，计算相应的应力增量 $\{\Delta\sigma(t_n)\}$，并更新应力 $\{\sigma(t_n+\Delta t)\} = \{\sigma(t_n)\} + \{\Delta\sigma(t_n)\}$。

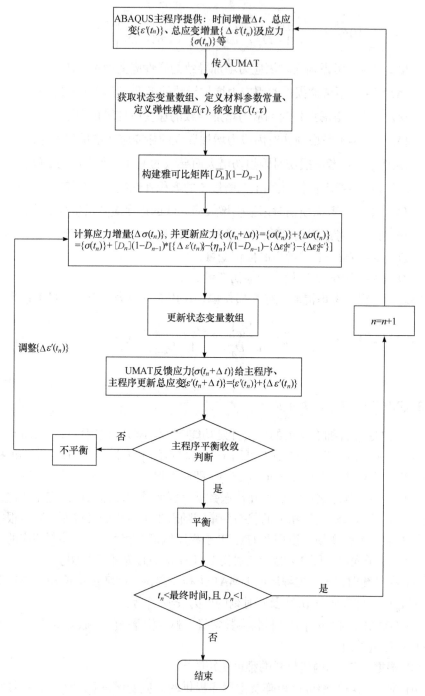

图 3.2 徐变损伤 UMAT 子程序基本流程图

(5) 更新各状态变量数组，为下一增量步平衡迭代计算做准备。

(6) UMAT 子程序将更新的应力 $\{\sigma(t_n+\Delta t)\}$ 反馈给主程序，同时主程序更新总应变 $\{\varepsilon'(t_n+\Delta t)\}=\{\varepsilon'(t_n)\}+\{\Delta\varepsilon'(t_n)\}$。主程序进行平衡收敛判断，若收敛，则进行终止条件判断，若未符合终止条件，则 ABAQUS 进行下一增量步平衡迭代计算；若不收敛，则 ABAQUS 调整总应变增量，再次进行本次增量步平衡迭代计算。若迭代次数达到最大迭代次数时还未收敛，则程序报错，计算终止。

4. 算例验证

子程序能在 ABAQUS 中运行计算，仅说明子程序在语法上没有错误及子程序能成功载入 ABAQUS，并不能说明子程序开发的正确性。为了验证本小节徐变损伤耦合模型 UMAT 子程序的正确性，依据第 2 章含初始损伤混凝土非线性徐变试验研究相关内容，利用编制的子程序进行相应的数值计算，以进行对比分析。

1) 徐变度公式反演

持续荷载水平较低时，混凝土损伤较小，几乎不会对混凝土徐变变形产生影响。因此，根据 2.4 节讨论的混凝土单轴受压徐变试验，针对未掺入引气剂的混凝土试件进行持续荷载为 $0.2f_c$(6.2MPa)的单轴受压徐变试验，并采用 TDS630 数据采集仪监测混凝土试件 30d 内的应变值，以反演徐变度公式(3.48)的待定参数。

$$C(t,\tau)=(f_1+g_1\tau^{-p_1})[1-e^{-r_1(t-\tau)}]+(f_2+g_2\tau^{-p_2})[1-e^{-r_2(t-\tau)}] \quad (3.48)$$

式中，$C(t,\tau)$——徐变度，MPa^{-1}；

f_i、g_i、p_i、$r_i(i=1,2)$——徐变度公式的 8 个待定参数。f_1、g_1、p_1、r_1 用以表征混凝土荷载持续作用早期的可逆徐变特性，f_2、g_2、p_2、r_2 用以表征混凝土荷载持续作用晚期的可逆徐变特性；

τ——加载龄期，d；

$t-\tau$——荷载持续作用时长，d。

将式(3.48)中的 8 个待定参数 f_i、g_i、p_i、$r_i(i=1,2)$记为 X，即 $X=[x_1, x_2, x_3, x_4, x_5, x_6, x_7, x_8]^T$，则有

$$C(t,\tau)=(x_1+x_2\tau^{-x_3})[1-e^{-x_4(t-\tau)}]+(x_5+x_6\tau^{-x_7})[1-e^{-x_8(t-\tau)}] \quad (3.49)$$

以徐变度试验值与徐变度计算值的残差平方和作为参数反演优化问题的目标函数：

$$\begin{cases} F(X)=\sum[C(t,\tau)-C'(t,\tau)]^2 \to \min \\ x_i>0 \quad (i=1,2,\cdots,8) \\ x_4>x_8 \end{cases} \quad (3.50)$$

式中，$F(X)$——目标函数，MPa^{-1}；

$C(t,\tau)$——徐变度计算值，MPa^{-1}；

$C'(t,\tau)$——徐变度试验值，MPa^{-1}；

x_i——待定参数。

采用复合型法进行反演分析，设计变量为 8 个，复合型顶点数 K 为 9 个，在约束 $\begin{cases} x_i > 0(i=1,2,\cdots,8) \\ x_4 > x_8 \end{cases}$ 内随机产生 K 顶点，以构成初始复合型，运用 Matlab 程序进行徐变度公式待定参数反演分析，最终确定徐变度公式为

$$C(t,\tau) = (4 + 34\tau^{-0.45})\left[1 - e^{-0.3(t-\tau)}\right] + (30 + 56\tau^{-0.45})\left[1 - e^{-0.005(t-\tau)}\right] \quad (3.51)$$

式中，$C(t,\tau)$——徐变度，$10^{-6}MPa$；

τ——加载龄期，d；

$t-\tau$——荷载持续作用时长，d。

2) 单轴受压徐变数值计算

根据 2.4 节中 A 组混凝土试件单轴受压徐变试验，采用如图 3.3 所示的立方体数值计算简图，立方体试件底部完全固定(位移 $U_1=U_2=U_3=0$)，顶部施加均布荷载 Q 分别为 $0.5f_c$(15.5MPa)、$0.6f_c$(18.6MPa)及 $0.7f_c$(21.7MPa)，数值计算方案见表 3.1。建立试件尺寸、约束条件及荷载大小均一致的三维有限元模型，立方体有限元模型如图 3.4 所示，计算坐标系原点位于立方体混凝土底部一顶点，以 Z 轴方向为混凝土受力方向。模型采用六面体八节点单元(C3D8)剖分，模型共计 9261 个节点，8000 个单元。

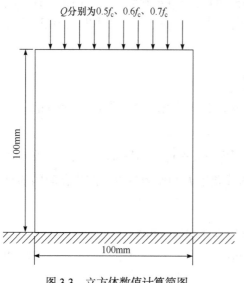

图 3.3　立方体数值计算简图

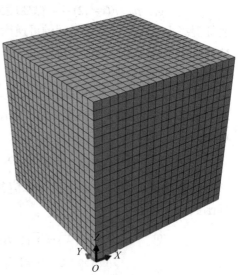

图 3.4　立方体有限元模型

表 3.1　数值计算方案

方案	持续荷载水平	持续荷载/MPa
方案 1	$0.5f_c$	15.5
方案 2	$0.6f_c$	18.6
方案 3	$0.7f_c$	21.7

根据试验结果及 3.2.2 小节推导的威布尔分布参数计算公式[式(3.12)和式(3.13)]，可得混凝土材料徐变损伤耦合模型计算参数如表 3.2 所示。

表 3.2　混凝土材料徐变损伤耦合模型计算参数

弹性模量 E_{28}/MPa	泊松比 μ	峰值应力 σ_c /MPa	峰值应变 ε_c	威布尔分布 参数 m	威布尔分布参数 F_0/Pa
33155	0.2	31	0.00187	1.44	74675

采用式(3.51)计算徐变度，混凝土弹性模量计算式[38]为

$$E(\tau) = E_0[1 - \exp(-0.4\tau^{0.34})] \qquad (3.52)$$

式中，E_0——混凝土最终弹性模量，可取 $1.45E_{28}$，MPa。

根据表(3.2)中的参数及相关公式，采用本章编制的混凝土徐变损伤耦合模型 UMAT 子程序，分别针对不考虑徐变损伤耦合作用及考虑徐变损伤耦合作用两种工况进行混凝土单轴受压徐变数值仿真计算，并提取单轴受压徐变试验中混凝土应变片相应位置的计算结果与试验结果进行对比分析。

3) 对比分析

图 3.5～图 3.7 依次为混凝土在 $0.5f_c$、$0.6f_c$ 及 $0.7f_c$ 荷载持续作用下徐变应变试验结果及数值计算结果历时曲线，其中模型 1 为考虑徐变损伤耦合作用模型的数值计算结果，模型 2 为不考虑徐变损伤耦合作用模型的数值计算结果。

由图 3.5～图 3.7 可以看出，各组考虑徐变损伤耦合作用的徐变应变数值计算结果与试验结果基本保持一致。在 $0.5f_c$ 荷载持续作用下，不考虑徐变损伤耦合作用的数值计算结果与试验结果还较为接近，基本保持一致；而当持续荷载水平提升到 $0.6f_c$，数值计算结果逐渐偏离试验结果，误差逐渐扩大；当持续荷载水平进一步提升至 $0.7f_c$，不考虑徐变损伤耦合作用的数值计算结果与试验结果的误差进一步扩大，并且随着荷载持续作用时间的推移，各组不考虑徐变损伤耦合作用的数值计算结果与试验结果的误差逐渐扩大。

为了进一步比较分析，将不同水平荷载持续作用下的徐变应变试验结果及数值计算结果历时曲线整合在一起，如图 3.8 所示。

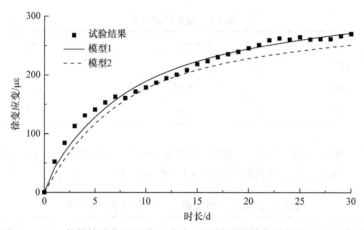

图 3.5　0.5f_c荷载持续作用下徐变应变试验结果及数值计算结果历时曲线

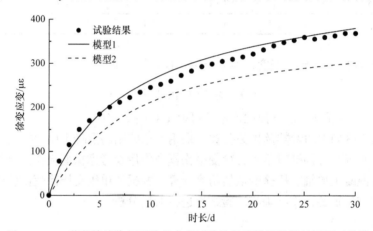

图 3.6　0.6f_c荷载持续作用下徐变应变试验结果及数值计算结果历时曲线

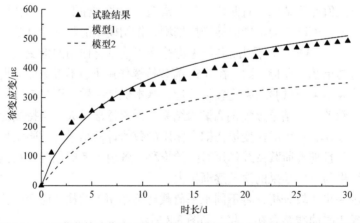

图 3.7　0.7f_c荷载持续作用下徐变应变试验结果及数值计算结果历时曲线

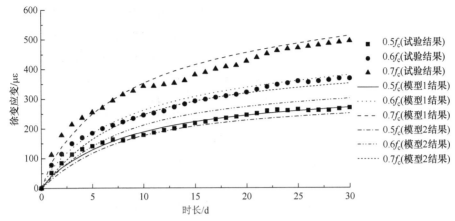

图 3.8　不同水平荷载持续作用下的徐变应变试验结果及数值计算结果历时曲线

同时，提取试验及数值计算 10d、20d 及 30d 的徐变变形结果，求得各数值计算结果相对于试验结果的误差，试验与数值计算徐变应变及相对误差见表 3.3。

表 3.3　试验与数值计算徐变应变及相对误差

持续荷载水平	时长/d	试验徐变应变/με	不考虑徐变损伤耦合作用		考虑徐变损伤耦合作用	
			徐变应变/με	相对误差/%	徐变应变/με	相对误差/%
$0.5f_c$	10	178.50	176.60	1.07	189.13	5.96
	20	245.50	228.02	7.12	244.61	0.36
	30	270.00	251.20	6.96	271.47	0.55
$0.6f_c$	10	245.50	211.92	13.68	262.07	6.75
	20	321.50	273.62	14.89	338.52	5.29
	30	368.50	301.44	18.20	380.26	3.19
$0.7f_c$	10	343.00	247.24	27.92	352.93	2.90
	20	427.00	319.22	25.24	456.17	6.83
	30	494.50	351.69	28.88	512.83	3.71

由图 3.8 及表 3.3 可知，当 $0.5f_c$、$0.6f_c$、$0.7f_c$ 荷载持续作用 30d 时，两组数值计算的徐变应变分别为 271.47με、380.26με、512.83με 及 251.20με、301.44με、351.69με，分别与试验结果相差 1.47με、11.76με、18.33με 及 18.80με、67.06με、142.81με。可以看出，考虑徐变损伤耦合作用时，不同水平荷载持续作用下的徐变应变数值计算结果与试验结果的相对误差均在合理范围之内；而不考虑徐变损伤耦合作用时，随着持续荷载水平的增大，数值计算结果与试验结果的相对误差逐渐增大，并且随着荷载持续作用时间的推移，误差也逐渐扩大，甚至在 $0.7f_c$ 荷载持续作用下的数值计算结果还要略低于 $0.6f_c$ 荷载持续作用下的试验结果，进一步说明了考虑徐变损伤耦合作用的必要性。同时，考虑徐变损伤耦合作用时，

数值计算结果与试验结果的相对误差最大仅为 6.83%，而不考虑徐变损伤耦合作用时，最大相对误差可达到 28.88%。这是因为混凝土徐变变形实际上是混凝土内部微裂缝扩展的外在表现，当持续荷载水平较高时，混凝土内部微裂缝逐渐扩展并相互贯通，形成更大的裂缝，以致混凝土损伤程度增大，并最终导致混凝土徐变变形的进一步增大。因此，若不考虑混凝土徐变与损伤的耦合作用，就会导致预测变形与实际变形产生较大误差，从而严重低估混凝土徐变变形的发展程度。

综上所述，本章构建的徐变损伤耦合模型具有较高的预测精度，可以很好地描述混凝土徐变的非线性特性，具有重要的应用价值。

3.3　不同水平荷载持续作用下混凝土徐变损伤发展规律

3.3.1　高水平荷载作用下混凝土徐变变形特征

徐变的发展规律与持续荷载水平密切相关[39]。通常认为，当荷载水平较低时，徐变为线性徐变，当荷载水平高于抗压强度 0.4～0.6 倍时，徐变为非线性徐变，荷载持续作用一段时间后，混凝土会因徐变变形过大而最终破坏。

图 3.9 为高水平荷载持续作用下混凝土徐变变形规律。如图所示，在高水平荷载持续作用下，混凝土的徐变变形主要经历三个阶段：A 为衰减徐变阶段；B 为稳定徐变阶段；C 为加速徐变阶段。在 A、B 两个阶段内，混凝土损伤较小，在经过较长时间的 B 阶段稳定变形后，由于混凝土内微裂缝的相互作用，裂缝开始发生失稳并逐渐扩展，此时进入 C 阶段，混凝土的变形会迅速扩大，最终导致混凝土发生破坏。当荷载水平较低时，混凝土徐变变形主要为 A、B 两阶段的稳定发展阶段，很难进入 C 阶段，但随着荷载水平不断提高，B 阶段的持续时间会逐渐减小，使混凝土的徐变变形迅速发展为 C 阶段。

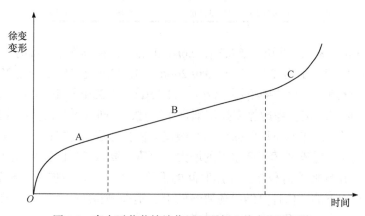

图 3.9　高水平荷载持续作用下混凝土徐变变形规律

因此，基于本章提出的混凝土徐变损伤耦合模型，进一步研究混凝土在不同水平荷载持续作用下的变形行为是十分必要的。

3.3.2 计算方案

本章选取 C25 标准立方体混凝土试件进行模拟计算，即按标准方法制作、养护，试件尺寸为 150mm×150mm×150mm(长×宽×高)，根据规范《混凝土结构设计规范》[40]查得，标准立方体混凝土试件 28d 的抗压强度 f_c 为 25MPa。

针对标准立方体混凝土试件，分别设立持续荷载 Q 不同的六组方案，数值计算方案见表 3.4。基于各组方案分别进行加载龄期 τ 为 28d、荷载持续作用时长 $(t-\tau)$ 为 300d 的不考虑徐变损伤耦合作用及考虑徐变损伤耦合作用两种工况的徐变计算。图 3.10 为标准立方体混凝土试件数值计算简图。

表 3.4 数值计算方案

方案	持续荷载水平	持续荷载/MPa
方案 1	$0.2f_c$	5.00
方案 2	$0.4f_c$	10.00
方案 3	$0.6f_c$	15.00
方案 4	$0.7f_c$	17.50
方案 5	$0.75f_c$	18.75
方案 6	$0.8f_c$	20.00

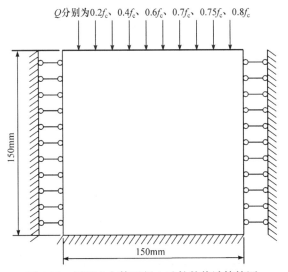

图 3.10 标准立方体混凝土试件数值计算简图

3.3.3　计算模型及计算参数

1. 计算模型

根据图 3.10 标准立方体混凝土数值计算简图,构建如图 3.11 所示的标准立方体混凝土试件有限元模型。模型计算坐标系原点位于模型底面一端点,X 轴及 Y 轴分别为底面两边方向,垂直方向为 Z 轴方向,指向上为正,模型顶面施加垂直于顶面的均布荷载 Q。模型边界条件:底部采用固定约束,模型四个侧面分别采用垂直于各面方向的简支约束。模型采用空间六面体八节点单元进行剖分,共有29791 个节点,27000 个单元。

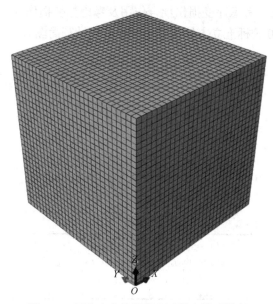

图 3.11　标准立方体混凝土试件有限元模型

2. 计算参数

根据 Hongnestad 模型[28]中提出的 $\varepsilon_c = 2\sigma_c / E_c$、3.2.2 小节推导的威布尔分布参数计算公式及《混凝土结构设计规范》[40]相关规定,混凝土材料徐变损伤耦合模型计算参数见表 3.5。

表 3.5　混凝土材料徐变损伤耦合模型计算参数

弹性模量 E_{28}/MPa	泊松比 μ	峰值应力 σ_c /MPa	峰值应变 ε_c	威布尔分布参数 m	威布尔分布参数 F_0/Pa
19310	0.2	25	0.00259	1.44	83454

混凝土弹性模量采用式(3.53)计算：

$$E(\tau) = E_0[1 - \exp(-0.4\tau^{0.34})]\tag{3.53}$$

徐变度采用式(3.54)计算：

$$C(t,\tau) = (4 + 34\tau^{-0.45})\,[1 - e^{-0.3(t-\tau)}] + (30 + 56\tau^{-0.45})\,[1 - e^{-0.005(t-\tau)}]\tag{3.54}$$

式中，$E(\tau)$——混凝土 τ 时刻的弹性模量，MPa；

　　　E_0——混凝土最终弹性模量，可取 $1.45E_{28}$，MPa；

　　　$C(t,\tau)$——徐变度，10^{-6}MPa；

　　　τ——加载龄期，d；

　　　$t-\tau$——荷载持续作用时长，d。

3.3.4　结果分析

图 3.12 为各方案混凝土试件在两种工况下的竖向位移云图。由图可以看出，各方案标准混凝土试件竖向位移分布基本一致，最大竖向位移均出现在加载面，并随着深度的增大而减小。

从图 3.12(a)～(f)可以看出，混凝土考虑徐变损伤耦合作用时的竖向位移要大于不考虑徐变损伤耦合作用时的竖向位移，且随着持续荷载水平的增大，差值也

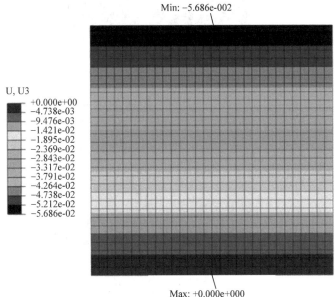

(a) 方案1不考虑徐变损伤耦合
作用时混凝土试件300d的竖向位移

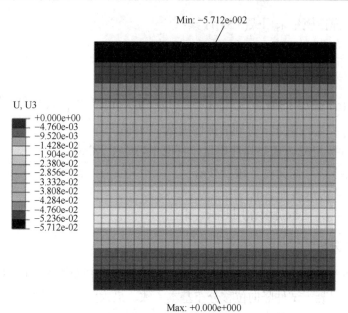

(b) 方案1考虑徐变损伤耦合作用时
混凝土试件300d的竖向位移

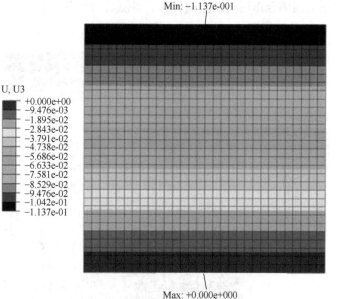

(c) 方案2不考虑徐变损伤耦合作用时
混凝土试件300d的竖向位移

Min: −1.180e-001

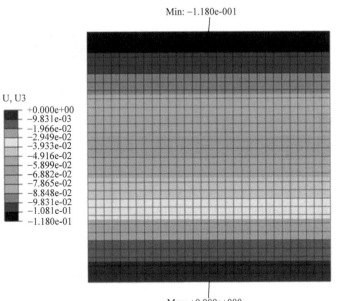

U, U3
+0.000e+00
−9.831e-03
−1.966e-02
−2.949e-02
−3.933e-02
−4.916e-02
−5.899e-02
−6.882e-02
−7.865e-02
−8.848e-02
−9.831e-02
−1.081e-01
−1.180e-01

Max: +0.000e+000

(d) 方案2考虑徐变损伤耦合作用时
混凝土试件300d的竖向位移

Min: −1.706e-001

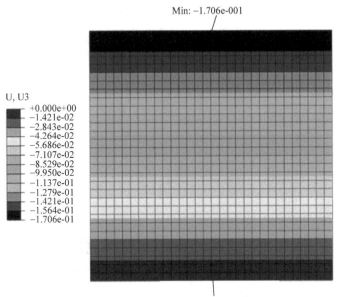

U, U3
+0.000e+00
−1.421e-02
−2.843e-02
−4.264e-02
−5.686e-02
−7.107e-02
−8.529e-02
−9.950e-02
−1.137e-01
−1.279e-01
−1.421e-01
−1.564e-01
−1.706e-01

Max: +0.000e+000

(e) 方案3不考虑徐变损伤耦合作用时
混凝土试件300d的竖向位移

Min: −2.036e-001

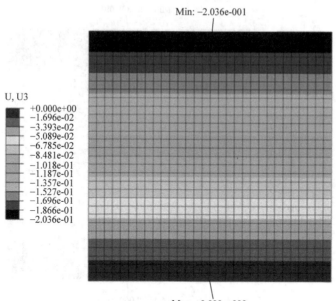

U, U3

+0.000e+00
−1.696e-02
−3.393e-02
−5.089e-02
−6.785e-02
−8.481e-02
−1.018e-01
−1.187e-01
−1.357e-01
−1.527e-01
−1.696e-01
−1.866e-01
−2.036e-01

Max: +0.000e+000

(f) 方案3考虑徐变损伤耦合作用时
混凝土试件300d的竖向位移

Min: −1.707e-001

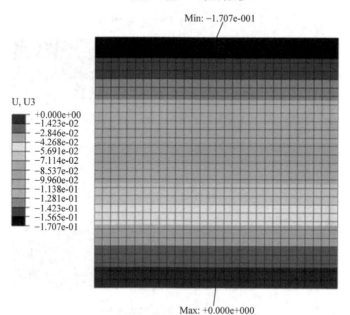

U, U3

+0.000e+00
−1.423e-02
−2.846e-02
−4.268e-02
−5.691e-02
−7.114e-02
−8.537e-02
−9.960e-02
−1.138e-01
−1.281e-01
−1.423e-01
−1.565e-01
−1.707e-01

Max: +0.000e+000

(g) 方案4不考虑徐变损伤耦合作用时
混凝土试件113d的竖向位移

Min: −5.981e-001

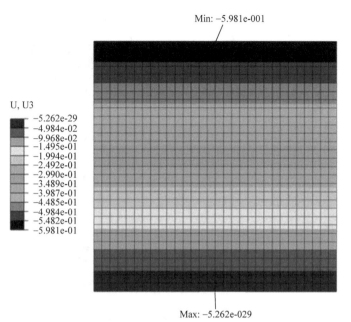

U, U3

　−5.262e-29
　−4.984e-02
　−9.968e-02
　−1.495e-01
　−1.994e-01
　−2.492e-01
　−2.990e-01
　−3.489e-01
　−3.987e-01
　−4.485e-01
　−4.984e-01
　−5.482e-01
　−5.981e-01

Max: −5.262e-029

(h) 方案4考虑徐变损伤耦合作用时
混凝土试件113d的竖向位移

Min: −1.633e-001

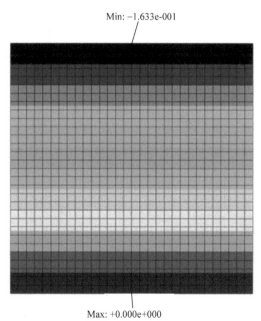

U, U3

　+0.000e+00
　−1.361e-02
　−2.721e-02
　−4.082e-02
　−5.443e-02
　−6.804e-02
　−8.164e-02
　−9.525e-02
　−1.089e-01
　−1.225e-01
　−1.361e-01
　−1.497e-01
　−1.633e-01

Max: +0.000e+000

(i) 方案5不考虑徐变损伤耦合作用时
混凝土试件28d的竖向位移

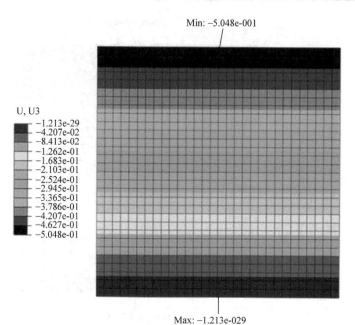

(j) 方案5考虑徐变损伤耦合作用时
混凝土试件28d的竖向位移

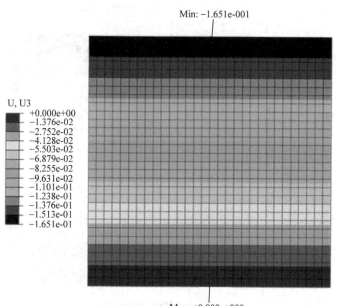

(k) 方案6不考虑徐变损伤耦合作用时
混凝土试件12d的竖向位移

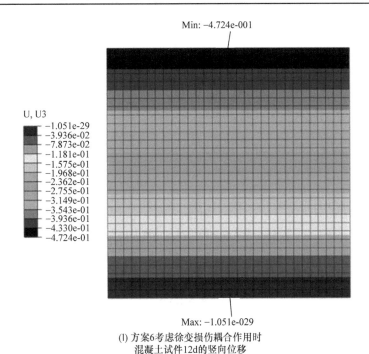

Min: −4.724e-001

(l) 方案6考虑徐变损伤耦合作用时
混凝土试件12d的竖向位移

图3.12　各方案混凝土试件两种工况下的竖向位移云图(单位：mm)

注：U, U3 表示竖向位移

逐渐增大。从图 3.12(g)～(l)可以看出，随着持续荷载水平的增大，损伤的发展速率也增大，从而导致混凝土的破坏时间缩短。

为了能更加直观地分析徐变损伤耦合现象对徐变变形的影响，选取混凝土结构平行于 Z 轴方向平面一中心点(节点标号：14881)为特征点，分别对各方案在两种工况的计算结果进行对比分析，并对各方案考虑徐变损伤耦合作用的结果进行比较。

1. 方案 1 结果对比

图 3.13 为方案 1 特征点两种工况总应变及竖向位移历时曲线，图 3.14 为方案 1 特征点损伤变量历时曲线(持续荷载水平为 $0.2f_c$)。图 3.13 中模型 1 为考虑徐变损伤耦合作用模型的数值计算结果，模型 2 为不考虑徐变损伤耦合作用模型的数值计算结果。

从图 3.13 可以看出，在 $0.2f_c$ 荷载持续作用下，两种工况总应变及竖向位移历时曲线基本重合，主要是由于方案 1 中混凝土损伤相对较小，几乎可以忽略不计。方案 1 混凝土变形主要为衰减徐变阶段(A 阶段)和稳定徐变阶段(B 阶段)，并未进入加速徐变阶段(C 阶段)，荷载持续作用 300d 时混凝土并未发生破坏。从图 3.14 可以看出，随着荷载持续作用时长不断增大，方案 1 混凝土损伤变量初始增长速率较大，但逐渐趋于稳定。

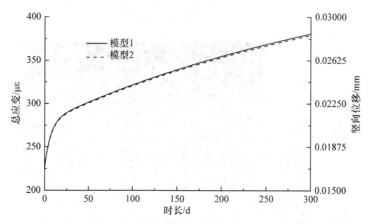

图 3.13　方案 1 特征点两种工况总应变及竖向位移历时曲线

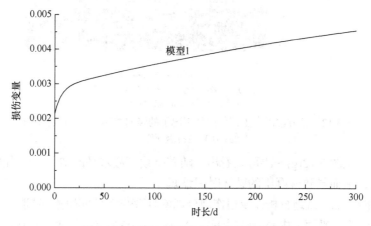

图 3.14　方案 1 特征点损伤变量历时曲线

提取方案 1 特征点两工况总应变、竖向位移及损伤变量，并计算相对误差，方案 1 特征点两种工况数值对比见表 3.6。

表 3.6　方案 1 特征点两种工况数值对比

| 时长/d | 总应变/με | | 竖向位移/mm | | 相对误差/% | 损伤变量 |
	不考虑徐变损伤耦合作用	考虑徐变损伤耦合作用	不考虑徐变损伤耦合作用	考虑徐变损伤耦合作用		
0	225.985	225.985	0.0169489	0.0169489	0	0.00213
20	284.872	285.726	0.0213654	0.0214695	0.30	0.00300
40	296.213	297.155	0.0222160	0.0222866	0.32	0.00318
60	304.776	305.786	0.0228582	0.0229340	0.33	0.00331

时长/d	总应变/με		竖向位移/mm		相对误差/%	损伤变量
	不考虑徐变损伤耦合作用	考虑徐变损伤耦合作用	不考虑徐变损伤耦合作用	考虑徐变损伤耦合作用		
80	312.810	313.888	0.0234608	0.0235416	0.34	0.00344
100	320.448	321.591	0.0240336	0.0241193	0.36	0.00356
120	327.712	328.920	0.0245784	0.0246690	0.37	0.00368
140	334.622	335.894	0.0250967	0.0251920	0.38	0.00379
160	341.195	342.530	0.0255896	0.0256897	0.39	0.00390
180	347.448	348.843	0.0260586	0.0261632	0.40	0.00401
200	353.395	354.850	0.0265047	0.0266138	0.41	0.00411
220	359.053	360.566	0.0269290	0.0270425	0.42	0.00420
240	364.435	366.004	0.0273326	0.0274503	0.43	0.00429
260	369.554	371.178	0.0277165	0.0278384	0.44	0.00438
280	374.423	376.101	0.0280817	0.0282076	0.45	0.00447
300	379.055	380.785	0.0284291	0.0285589	0.46	0.00455

从表 3.6 可以看出，方案 1 特征点总应变及竖向位移在荷载作用下持续增长。荷载持续作用 300d 时，不考虑徐变损伤耦合作用时的总应变为 379.055με，竖向位移为 0.0284291mm；考虑徐变损伤耦合作用时的总应变为 380.785με，竖向位移为 0.0285589mm，考虑徐变损伤耦合作用的结果相对于不考虑徐变损伤耦合作用的结果，相对误差最大为 0.46%，几乎可以忽略不计，最终损伤变量为 0.00455。

2. 方案 2 结果对比

图 3.15 为方案 2 特征点两种工况总应变及竖向位移历时曲线，图 3.16 为方案 2 特征点损伤变量历时曲线(持续荷载水平为 $0.4f_c$)。图 3.15 中模型 1 为考虑徐变损伤耦合作用模型的数值计算结果，模型 2 为不考虑徐变损伤耦合作用模型的数值计算结果。

从图 3.15 可以看出，在 $0.4f_c$ 荷载持续作用下，两种工况总应变及竖向位移历时曲线已有明显差别，并且随着荷载持续作用时长增加，这种差别进一步扩大，这是徐变损伤耦合作用的结果。同时可以看出，方案 2 混凝土变形也主要为 A、B 两个阶段，并未进入 C 阶段，荷载持续作用 300d 时混凝土并未发生破坏。从图 3.16 可以看出，方案 2 混凝土损伤变量也随着荷载持续作用时长增加不断增大，其初始增长速率较大，但逐渐趋于稳定，整体大于方案 1。

提取方案 2 特征点两工况总应变、竖向位移及损伤变量，并计算相对误差，方案 2 特征点两种工况数值对比见表 3.7。

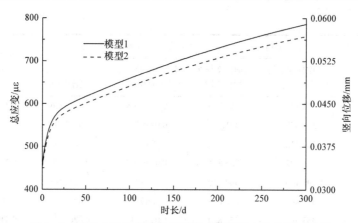

图 3.15　方案 2 特征点两种工况总应变及竖向位移历时曲线

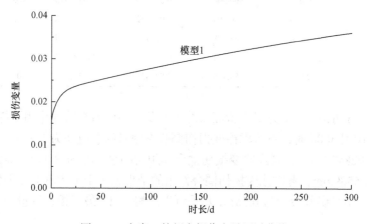

图 3.16　方案 2 特征点损伤变量历时曲线

表 3.7　方案 2 特征点两种工况数值对比

时长/d	总应变/με		竖向位移/mm		相对误差/%	损伤变量
	不考虑徐变损伤耦合作用	考虑徐变损伤耦合作用	不考虑徐变损伤耦合作用	考虑徐变损伤耦合作用		
0	451.971	451.971	0.0338978	0.0338978	0	0.0156
20	569.744	583.208	0.0427308	0.0437406	2.36	0.0232
40	592.425	607.346	0.0444319	0.0455510	2.52	0.0246
60	609.551	625.612	0.0457164	0.0469209	2.63	0.0257
80	625.621	642.799	0.0469215	0.0482100	2.75	0.0268
100	640.895	659.182	0.0480671	0.0494387	2.85	0.0278
120	655.424	674.808	0.0491568	0.0506106	2.96	0.0288
140	669.244	689.711	0.0501933	0.0517283	3.06	0.0297
160	682.391	703.923	0.0511793	0.0527942	3.16	0.0306

续表

时长/d	总应变/με		竖向位移/mm		相对误差/%	损伤变量
	不考虑徐变损伤耦合作用	考虑徐变损伤耦合作用	不考虑徐变损伤耦合作用	考虑徐变损伤耦合作用		
180	694.896	717.475	0.0521172	0.0538106	3.25	0.0315
200	706.791	730.396	0.0530093	0.0547797	3.34	0.0324
220	718.106	742.716	0.0538579	0.0557037	3.43	0.0332
240	728.869	754.462	0.0546652	0.0565846	3.51	0.0340
260	739.108	765.658	0.0554331	0.0574244	3.59	0.0347
280	748.847	776.330	0.0561635	0.0582248	3.67	0.0354
300	758.111	786.503	0.0568583	0.0598877	3.75	0.0361

从表 3.7 可以看出,方案 2 特征点总应变及竖向位移在荷载作用下持续增长。荷载持续作用 300d 时,不考虑徐变损伤耦合作用时的总应变为 758.111με,竖向位移为 0.0568583mm;考虑徐变损伤耦合作用时的总应变为 786.503με,竖向位移为 0.0598877mm,考虑徐变损伤耦合作用的结果相对于不考虑徐变损伤耦合作用的结果,相对误差最大为 3.75%,仍在可接受的范围,最终损伤变量为 0.0361。

3. 方案 3 结果对比

图 3.17 为方案 3 特征点两种工况总应变及竖向位移历时曲线,图 3.18 为方案 3 特征点损伤值历时曲线(持续荷载水平为 0.6f_c)。图 3.17 中模型 1 为考虑徐变损伤耦合作用模型的数值计算结果,模型 2 为不考虑徐变损伤耦合作用模型的数值计算结果。

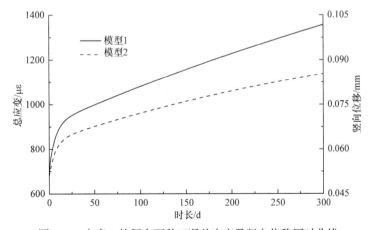

图 3.17　方案 3 特征点两种工况总应变及竖向位移历时曲线

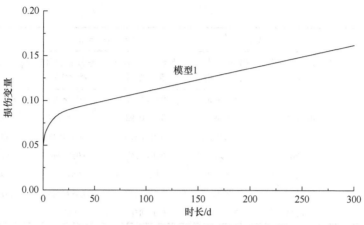

图 3.18　方案 3 特征点损伤变量历时曲线

　　从图 3.17 可以看出，在 $0.6f_c$ 荷载持续作用下，两种工况总应变及竖向位移历时曲线的差异较前两组方案更加明显，并且由于徐变和损伤的耦合作用，这种差异随着荷载持续作用时长增加逐渐扩大。同时可以看出，方案 3 混凝土变形也主要为 A、B 两个阶段，并未进入 C 阶段，荷载持续作用 300d 时混凝土并未发生破坏。从图 3.18 可以看出，方案 3 混凝土损伤值也随着荷载持续作用时长增加不断增大，其初始增长速率较大，但逐渐趋于稳定，损伤变量已达到了不可忽略的程度。

　　提取方案 3 特征点两工况总应变、竖向位移及损伤变量，并计算相对误差，方案 3 特征点两种工况数值对比见表 3.8。

表 3.8　方案 3 特征点两种工况数值对比

时长/d	总应变/με		竖向位移/mm		相对误差/%	损伤变量
	不考虑徐变损伤耦合作用	考虑徐变损伤耦合作用	不考虑徐变损伤耦合作用	考虑徐变损伤耦合作用		
0	677.96	677.96	0.0508467	0.0508467	0	0.0493
20	854.67	936.17	0.0640963	0.0702126	9.54	0.0876
40	888.64	981.01	0.0666479	0.0735757	10.39	0.0944
60	914.33	1015.40	0.0685745	0.0761549	11.05	0.0998
80	938.43	1048.31	0.0703823	0.0786233	11.71	0.1051
100	961.34	1080.25	0.0721007	0.0810186	12.37	0.1103
120	983.14	1111.28	0.0737352	0.0833461	13.03	0.1156
140	1003.87	1141.45	0.0752900	0.0856091	13.71	0.1208
160	1023.59	1170.81	0.0767689	0.0878109	14.38	0.1260
180	1042.34	1199.40	0.0781758	0.0899547	15.07	0.1312

续表

时长/d	总应变/με		竖向位移/mm		相对误差/%	损伤变量
	不考虑徐变损伤耦合作用	考虑徐变损伤耦合作用	不考虑徐变损伤耦合作用	考虑徐变损伤耦合作用		
200	1060.19	1227.25	0.0795140	0.0920437	15.76	0.1364
220	1077.16	1254.41	0.0807869	0.0940810	16.46	0.1416
240	1093.30	1280.93	0.0819978	0.0960697	17.16	0.1467
260	1108.66	1306.84	0.0831496	0.0980128	17.88	0.1519
280	1123.27	1332.18	0.0842452	0.0999136	18.60	0.1571
300	1137.17	1357.00	0.0852874	0.1017750	19.33	0.1623

从表 3.8 可以看出，方案 3 特征点总应变及竖向位移在荷载作用下持续增长。荷载持续作用 300d 时，不考虑徐变损伤耦合作用时的总应变为 1137.17με，竖向位移为 0.0852874mm；考虑徐变损伤耦合作用时的总应变为 1357.00με，竖向位移为 0.1017750mm，考虑徐变损伤耦合作用的结果相对于不考虑徐变损伤耦合作用的结果，相对误差最大为 19.33%，已到达不可忽略的程度，最终损伤变量为 0.1623。

4. 方案 4 结果对比

图 3.19 为方案 4 特征点两种工况总应变及竖向位移历时曲线，图 3.20 为方案 4 特征点损伤变量历时曲线(持续荷载水平为 0.7f_c)。图 3.19 中模型 1 为考虑徐变损伤耦合作用模型的数值计算结果，模型 2 为不考虑徐变损伤耦合作用模型的数值计算结果。

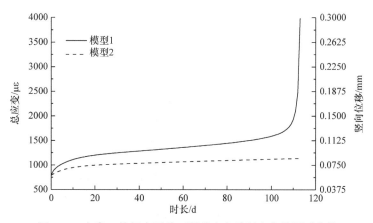

图 3.19　方案 4 特征点两种工况总应变及竖向位移历时曲线

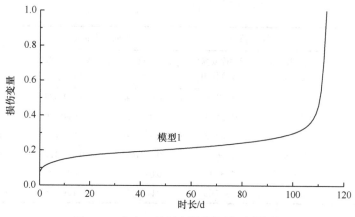

图 3.20　方案 4 特征点损伤变量历时曲线

　　从图 3.19 可以看出,在 $0.7f_c$ 荷载持续作用下,两种工况总应变及竖向位移历时曲线的差异在初始阶段还相对较小,但随着荷载持续作用时长增加,差异逐渐增大,不考虑徐变损伤耦合作用的历时曲线近似于一条水平线,而考虑徐变损伤耦合作用的历时曲线先是缓慢增加,然后在 100d 左右开始迅速增大,导致混凝土最终破坏。由图 3.19 可以看出,方案 4 混凝土变形在荷载持续作用的前 100d 为衰减徐变阶段(A 阶段)和稳定徐变阶段(B 阶段),在 100d 后进入加速徐变阶段(C 阶段),并最终于 113d 发生破坏。从图 3.20 可以看出,方案 4 混凝土损伤变量也随着荷载持续作用时长增加不断增大,其初始增长速率较快,并逐渐趋于稳定,100d 左右急剧增大,从而加速了混凝土的破坏。

　　提取方案 4 特征点两工况总应变、竖向位移及损伤变量,并计算相对误差,方案 4 特征点两种工况数值对比见表 3.9。

表 3.9　方案 4 特征点两种工况数值对比

时长/d	总应变/με		竖向位移/mm		相对误差/%	损伤变量
	不考虑徐变损伤耦合作用	考虑徐变损伤耦合作用	不考虑徐变损伤耦合作用	考虑徐变损伤耦合作用		
0	790.949	790.949	0.0593212	0.0593212	0	0.0758
10	949.286	1110.79	0.0711964	0.0833093	17.01	0.1488
20	997.053	1200.71	0.0747790	0.0900529	20.43	0.1712
30	1019.84	1247.83	0.0764877	0.0935869	22.36	0.1838
40	1036.74	1284.72	0.0777559	0.0963540	23.92	0.1940
50	1052.05	1320.43	0.0789038	0.0990320	25.51	0.2043
60	1066.72	1357.78	0.0800036	0.1018335	27.29	0.2156
70	1080.96	1398.47	0.0810718	0.1048852	29.37	0.2284

续表

时长/d	总应变/με		竖向位移/mm		相对误差/%	损伤变量
	不考虑徐变损伤耦合作用	考虑徐变损伤耦合作用	不考虑徐变损伤耦合作用	考虑徐变损伤耦合作用		
80	1094.84	1444.89	0.0821127	0.1083668	31.97	0.2440
90	1108.37	1502.41	0.0831276	0.1126808	35.55	0.2647
100	1121.57	1590.03	0.0841175	0.1192523	41.77	0.2995
110	1134.44	1933.47	0.0850828	0.1450103	70.43	0.4593
113	1138.24	3987.09	0.0853678	0.2990318	250.29	1.0000

从表 3.9 可以看出，方案 4 特征点总应变及竖向位移在荷载作用下持续增长。荷载持续作用 113d 时，不考虑徐变损伤耦合作用时的总应变为 1138.24με，竖向位移为 0.0853678mm；考虑徐变损伤耦合作用时的总应变为 3987.09με，竖向位移为 0.2990318mm，考虑徐变损伤耦合作用的结果相对于不考虑徐变损伤耦合作用的结果，相对误差最大达到 250.29%，最终损伤变量为 1.000，混凝土已完全破坏。

5. 方案 5 结果对比

图 3.21 为方案 5 特征点两种工况总应变及竖向位移历时曲线，图 3.22 为方案 5 特征点损伤变量历时曲线(持续荷载水平为 $0.75f_c$)。图 3.21 中模型 1 为考虑徐变损伤耦合作用模型的数值计算结果，模型 2 为不考虑徐变损伤耦合作用模型的数值计算结果。

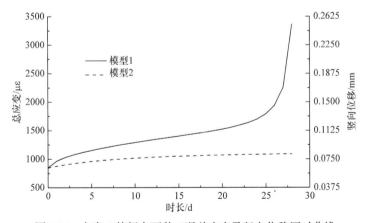

图 3.21　方案 5 特征点两种工况总应变及竖向位移历时曲线

从图 3.21 可以看出，在 $0.75f_c$ 荷载持续作用下，两种工况总应变及竖向位移历时曲线的差异逐渐增大，类似于方案 4，不考虑徐变损伤耦合作用的历时曲线

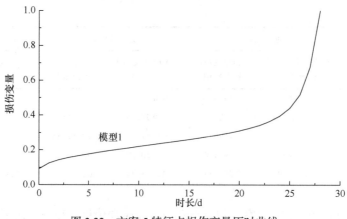

图 3.22　方案 5 特征点损伤变量历时曲线

近似于一条水平线，而考虑徐变损伤耦合作用的历时曲线先是缓慢增加，然后在 23d 左右开始迅速增大，并导致混凝土最终破坏。同时可以看出，方案 5 混凝土变形也先后经历了 A、B、C 三个阶段，但是方案 5 相对于方案 4 更早地于 23d 左右进入 C 阶段，并最终于 28d 发生破坏。从图 3.22 可以看出，方案 5 混凝土损伤变量也随着荷载持续作用时长增加不断增大，其初始增长速率较快，并逐渐趋于稳定，23d 左右急剧增大，从而加速了混凝土的破坏。

提取方案 5 特征点两工况总应变、竖向位移及损伤变量，并计算相对误差，方案 5 特征点两种工况数值对比见表 3.10。

表 3.10　方案 5 特征点两种工况数值对比

荷载持续作用时长/d	总应变/με		竖向位移/mm		相对误差/%	损伤变量
	不考虑徐变损伤耦合作用	考虑徐变损伤耦合作用	不考虑徐变损伤耦合作用	考虑徐变损伤耦合作用		
0	847.45	847.45	0.0635584	0.0635584	0	0.092
5	959.55	1151.81	0.0719663	0.0863858	20.04	0.177
10	1017.09	1289.40	0.0762819	0.0967046	26.77	0.219
15	1048.81	1400.66	0.0786610	0.1050490	33.55	0.260
20	1068.27	1522.40	0.0801203	0.1141800	42.51	0.311
25	1081.88	1789.02	0.0811413	0.1341770	65.36	0.441
28	1088.59	3365.28	0.0816439	0.2523960	209.14	1.000

从表 3.10 可以看出，方案 5 特征点总应变及竖向位移在荷载作用下持续增长。荷载持续作用 28d 时，不考虑徐变损伤耦合作用时总应变为 1088.59με，竖向位移为 0.0816439mm；考虑徐变损伤耦合作用时的总应变为 3365.28με，竖向位移

为 0.2523960mm，考虑徐变损伤耦合作用的结果相对于不考虑徐变损伤耦合作用的结果，相对误差最大达到 209.14%，最终损伤变量为 1.000，混凝土已完全破坏。

6. 方案 6 结果对比

图 3.23 为方案 6 特征点两种工况总应变及竖向位移历时曲线，图 3.24 为方案 6 特征点损伤变量历时曲线(持续荷载水平为 0.8f_c)。图 3.23 中模型 1 为考虑徐变损伤耦合作用模型的数值计算结果，模型 2 为不考虑徐变损伤耦合作用模型的数值计算结果。

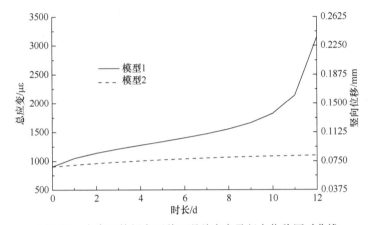

图 3.23　方案 6 特征点两种工况总应变及竖向位移历时曲线

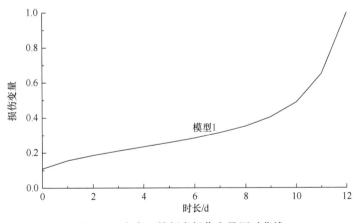

图 3.24　方案 6 特征点损伤变量历时曲线

从图 3.23 可以看出，在 0.8f_c 荷载持续作用下，两种工况总应变及竖向位移历时曲线的差异逐渐增大，类似于方案 4 及方案 5，不考虑徐变损伤耦合作用的历时曲线近似于一条水平线，而考虑徐变损伤耦合作用的历时曲线先是缓慢增加，然后在 8d 左右开始迅速增大，并导致混凝土最终破坏。由图 3.23 可以看出，方案 6 混凝土变形也先后经历了 A、B、C 三个阶段，但更早地于 8d 左右便进入 C 阶段，并最终于 12d 发生破坏。从图 3.24 可以看出，方案 6 混凝土损伤变量也随着荷载持续作用时长增加不断增大，其初始增长速率较快，并逐渐趋于稳定，但于 8d 左右急剧增大，从而加速了混凝土的破坏。

提取方案 6 特征点两工况总应变、竖向位移及损伤变量，并计算相对误差，方案 6 特征点两种工况数值对比见表 3.11。

表 3.11　方案 6 特征点两种工况数值对比

时长/d	总应变/με		竖向位移/mm		相对误差/%	损伤变量
	不考虑徐变损伤耦合作用	考虑徐变损伤耦合作用	不考虑徐变损伤耦合作用	考虑徐变损伤耦合作用		
0	903.94	903.94	0.0677956	0.0677956	0	0.109
2	961.81	1139.51	0.0721354	0.0854629	18.48	0.186
4	1005.67	1275.11	0.0754249	0.0956329	26.79	0.235
6	1039.12	1401.01	0.0779343	0.1050750	34.83	0.284
8	1064.87	1552.96	0.0798652	0.1164720	45.84	0.352
10	1084.90	1823.16	0.0813674	0.1367370	68.05	0.489
12	1100.69	3149.02	0.0825515	0.2361770	186.10	1.000

从表 3.11 可以看出，方案 6 特征点总应变及竖向位移在荷载作用下持续增长。荷载持续作用 12d 时，不考虑徐变损伤耦合作用时总应变为 1100.69με，竖向位移为 0.0825515mm；考虑徐变损伤耦合作用时的总应变为 3149.02με，竖向位移为 0.2361770mm，考虑徐变损伤耦合作用的结果相对于不考虑徐变损伤耦合作用的结果，相对误差最大达到 186.10%，最终损伤变量为 1.000，混凝土已完全破坏。

7. 不同水平荷载持续作用下的结果对比

为了对比分析不同水平荷载持续作用下混凝土的徐变变形行为及损伤发展趋势，选取各方案特征点考虑徐变损伤耦合作用的结果进行对比。图 3.25 为各方案特征点考虑徐变损伤耦合作用的总应变及竖向位移历时曲线，图 3.26 为各方案特征点考虑徐变损伤耦合作用的损伤变量历时曲线。

从图 3.25 及图 3.26 可以看出，在较低水平荷载持续作用下，由于应变能积累较缓慢，混凝土内部裂缝难以扩展，徐变与损伤耦合的现象不明显，此时不论是混凝土的总应变及竖向位移，或是损伤变量，均呈现出近似线性增长的趋势，并趋于收敛；但随着持续荷载水平的提高，应变能积累加快，混凝土内部裂缝逐渐

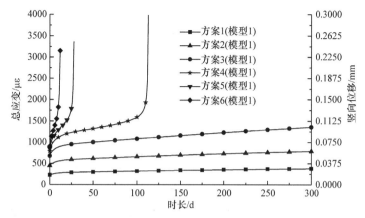

图 3.25　各方案特征点考虑徐变损伤耦合作用的总应变及竖向位移历时曲线

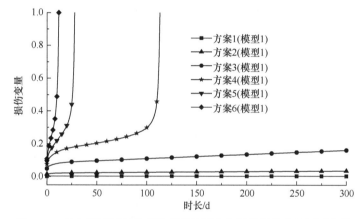

图 3.26　各方案特征点考虑徐变损伤耦合作用的损伤变量历时曲线

扩展，损伤变量增长速率加快，从而促使混凝土变形进一步发展，如此相互作用，最终导致混凝土破坏，此时混凝土的总应变、竖向位移及损伤变量历时曲线均呈现出明显的非线性特征，并且持续荷载水平越高，混凝土总应变、竖向位移及损伤变量增长得越快，混凝土破坏的时长也越短。

为了更加直观地观察损伤变量随持续荷载水平的变化，选取不同水平荷载持续作用下混凝土特征点在同一时刻(12d)的损伤变量进行比较，如图 3.27 所示。

由图 3.27 可以看出，在相同作用时长下，随着持续荷载水平的提高，混凝土特征点的损伤变量呈现几何倍数的增长，这主要是因为持续荷载水平越高，混凝土初始损伤就越大，徐变与损伤耦合的现象越明显，从侧面也说明了在高荷载水平下混凝土徐变的非线性行为是徐变与损伤耦合的结果。因此，在高水平荷载作用下更应该考虑徐变与损伤的耦合作用。

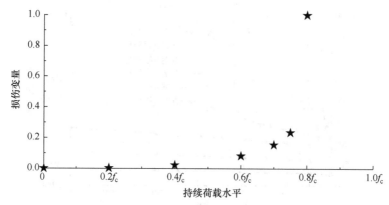

图 3.27　不同水平持续荷载作用下特征点在同一时刻(12d)的损伤变量

3.4　混凝土面板运行期徐变损伤特性

3.4.1　工程概况

基于 3.2 节构建的混凝土徐变损伤耦合模型，针对某面板堆石坝进行混凝土面板徐变损伤耦合计算。混凝土面板堆石坝标准剖面图如图 3.28 所示，坝体顶部高程为 2010.0m，坝顶宽 10m，坝体底部高程为 1877.8m，大坝上游坡比为 1∶1.4，下游设有马道(宽 10m)，综合坡比为 1∶1.81，混凝土面板顶部厚 0.3m，底部最大厚度为 0.76m。面板浇筑期为 128d，之后开始蓄水至正常蓄水位 2005.0m。

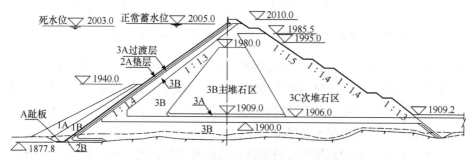

图 3.28　混凝土面板堆石坝标准剖面图(单位：m)
1A 为上游铺盖区；1B 为石渣料区；2B 为垫层小区

3.4.2　计算工况及加载过程

1. 计算工况

共拟定了如下 4 组计算工况。

(1) 工况 1(蓄水期)：蓄水至 2005.0m(正常蓄水位)，坝体承受水压力及自重的作用。

(2) 工况 2(运行期 1 年)：蓄水至 2005.0m(正常蓄水位)后，维持水位在 2005.0m(正常蓄水位)，坝体承受水压力及自重的持续作用 1 年(365d)。

(3) 工况 3(运行期 3 年)：蓄水至 2005.0m(正常蓄水位)后，维持水位在 2005.0m(正常蓄水位)，坝体承受水压力及自重的持续作用 3 年(1095d)。

(4) 工况 4(运行期 5 年)：蓄水至 2005.0m(正常蓄水位)后，维持水位在 2005.0m(正常蓄水位)，坝体承受水压力及自重的持续作用 5 年(1825d)。

2. 加载过程

根据混凝土面板堆石坝标准剖面图对坝体结构进行一定的简化，并采用分级加载方式模拟坝体的分层施工，加载过程如图 3.29 所示，共设 21 级加载步。第 1 步模拟基岩，第 2 步模拟趾板浇筑，第 3～16 步模拟坝体全断面堆石体从底部高程(1871.0m)至坝顶高程(2010.0m)的分层浇筑过程，第 17 步模拟面板浇筑，第 18 步模拟蓄水至正常蓄水位(2005.0m)，第 19 步模拟运行的第 1 年(0～365d)，第 20 步模拟运行的第 2～3 年(366～1095d)，第 21 步模拟运行的第 4～5 年(1096～1825d)。

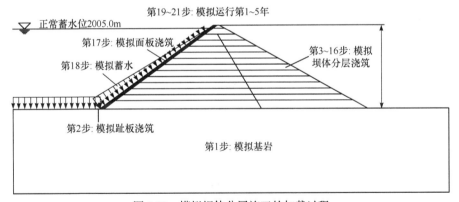

图 3.29　模拟坝体分层施工的加载过程

3.4.3　有限元计算模型及计算参数

1. 有限元计算模型

根据简化后的坝体标准剖面图，建立面板堆石坝有限元计算模型，如图 3.30 所示。坐标系原点为坝体右剖面趾板上游底部与基岩的交点处，以 X 轴方向为顺水流方向,正方向为下游方向;以 Y 轴方向为横河方向,正方向为坝体左岸方向;以 Z 轴方向为垂直方向,正方向为垂直方向向上;模型厚度沿坝轴线方向取 20m。基岩计算范围为沿水流方向上游方向、下游方向及基岩深度方向分别延伸 140m(1 倍坝高)。模型采用空间六面体八节点单元类型进行剖分,共计 8255 个节点,6188 个单元。

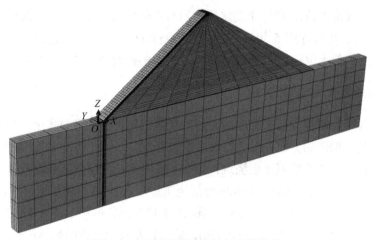

图 3.30　面板堆石坝有限元计算模型

模型边界约束条件:固定约束——基岩底部;X 轴向的简支约束——基岩上、下游侧面;Y 轴向的简支约束——模型左、右岸剖面施加。

2. 计算参数

混凝土面板及趾板参数采用本章构建的徐变损伤耦合模型参数,采用 C25 混凝土浇筑,根据 Hongnestad 模型[28]提出的 $\varepsilon_c = 2\sigma_c / E_c$、3.2.2 小节推导的威布尔分布参数计算公式及《混凝土结构设计规范》[40]相关规定,混凝土面板材料徐变损伤耦合模型计算参数见表 3.12。

表 3.12　混凝土面板材料徐变损伤耦合模型计算参数

密度 ρ /(kg/m³)	最终弹性模量 E_0/MPa	泊松比 μ	峰值应力 σ_c /MPa	峰值应变 ε_c	威布尔分布参数 m	威布尔分布参数 F_0/Pa
2400	25000	0.167	11.9	0.00095	1.44	14605

堆石体及基岩等材料按线弹性材料考虑,材料参数通过相似工程试验结果类比确定,见表 3.13。

表 3.13　坝体及基岩材料参数[41]

材料	密度ρ/(kg/m³)	弹性模量 E/MPa	泊松比 μ
垫层料	2180	150	0.3
过渡料	2150	182	0.3
堆石料	2200	235	0.3
基岩	2450	10000	0.25

不同材料之间需采用适当的接触面进行连接，采用 Goodman 无厚度单元对接触面进行模拟，Goodman 无厚度单元参数见表 3.14。同时，在混凝土面板与趾板之间设摩擦接触，摩擦系数取 0.35。

表 3.14　Goodman 无厚度单元参数[42]

接触面	K_1	K_2	n	R_f	δ /(°)	γ_w /(N/m³)	P_a/Pa
混凝土面板与坝体	2000	2000	0.56	0.75	36	9800	100000
趾板与坝体	2000	2000	0.56	0.75	36	9800	100000
趾板与基岩	2000	2000	0.56	0.75	36	9800	100000

注：K_1、K_2 为两个方向摩擦力的剪切模量系数；n 为剪切模量指数；R_f 为破坏比；δ 为接触面的界面摩擦角；γ_w 为水的容重；P_a 为大气压。

混凝土弹性模量 $E(\tau)$ 及徐变度 $C(t,\tau)$ 分别采用式(3.55)和式(3.56)进行计算[41]。

$$E(\tau) = 25000\left(\frac{\tau}{6.64+\tau}\right) \tag{3.55}$$

$$\begin{aligned} C(t,\tau) = \{&(9.2+84.64\tau^{-0.45})[1-e^{-0.3(t-\tau)}] \\ &+(20.84+35.36\tau^{-0.45})[1-e^{-0.005(t-\tau)}]\}\times10^{-6} \end{aligned} \tag{3.56}$$

式中，τ——加载龄期，d；

$t-\tau$——荷载持续作用时长，d。

3.4.4　结果分析

选取面板表面中部斜长为路径，并提取混凝土面板各工况的挠度及顺坡向应力，分别如图 3.31 及图 3.32 所示。图 3.31 为各计算工况混凝土面板的挠度，图 3.32 为各计算工况混凝土面板的顺坡向应力，面板表面中部斜长总长为

236.69m。符号规定：挠度正方向为垂直面板指向上游方向，负方向为垂直面板指向下游方向；应力以拉应力为正，压应力为负。

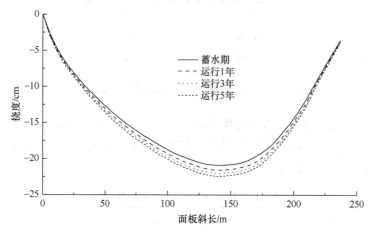

图 3.31　各计算工况混凝土面板的挠度

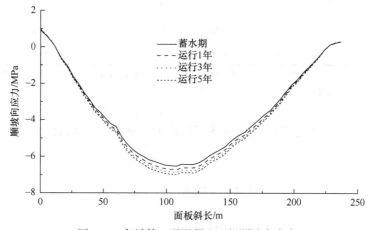

图 3.32　各计算工况混凝土面板顺坡向应力

从图 3.31 可以看出，各计算工况挠度沿面板斜长分布基本一致，并且随着荷载持续作用时长增长，混凝土面板挠度不断增大，最大挠度位于面板斜长 1/2 偏上位置。从图 3.32 可以看出，各计算工况混凝土面板顺坡向应力主要为压应力，尽管有少部分区域承受拉应力，整体呈现中部受压，两端受拉的形式，并且随着荷载持续作用，混凝土面板顺坡向应力不断增大，顺坡向压应力最大值位于面板斜长 1/2 偏下位置，拉应力最大值位于面板底部位置。

提取各工况面板计算结果特征值，如表 3.15 所示。

表 3.15　各工况面板计算结果特征值

计算工况	挠度最大值/cm	顺坡向应力/MPa		损伤最大值
		压应力最大值	拉应力最大值	
工况 1(蓄水期)	20.89	6.53	0.91	0.0353
工况 2(运行 1 年)	21.58	6.73	0.94	0.0532
工况 3(运行 3 年)	22.04	6.87	0.96	0.0618
工况 4(运行 5 年)	22.44	7.00	0.97	0.0676

从表 3.15 可以看出，混凝土面板蓄水至正常蓄水位后，面板挠度最大值为
20.89cm；顺坡向压应力最大值为 6.53MPa，拉应力最大值为 0.91MPa。运行 1 年
后，面板挠度最大值增加至 21.58cm，相对于蓄水期(工况 1)增大了 0.69cm；顺坡
向压应力最大值增加至 6.73MPa，拉应力最大值增加至 0.94MPa，相对于蓄水期(工
况 1)分别增大了 0.20MPa 及 0.03MPa。运行 3 年后，面板挠度最大值增加至
22.04cm，相对于运行期 1 年(工况 2)增大了 0.46cm；顺坡向压应力最大值增加至
6.87MPa，拉应力最大值增加至 0.96MPa，相对于运行期 1 年(工况 2)分别增大了
0.14MPa 及 0.02MPa。运行 5 年后，面板挠度最大值增加至 22.44cm，相对于运
行期 3 年(工况 3)增大了 0.40cm；顺坡向压应力最大值增加至 7.00MPa，拉应力
最大值增加至 0.97MPa，相对于运行期 3 年(工况 3)分别增大了 0.13MPa 及
0.01MPa。由于水压力的持续作用，混凝土面板应变能持续累积，面板损伤最大
值由 0.0353 增大至 0.0676。

综上所述，顺坡向压应力的增长幅度明显大于拉应力，因此在实际工程中需
重点关注面板中部的安全，以防发生挤压破坏。且随着水压力的持续作用，混凝
土面板的挠度、顺坡向压应力、顺坡向拉应力及损伤变量均在持续增长，运行初
期各值增长速率整体较快，但伴随着时间的推移，各值增长速率逐渐降低，并趋
于平稳。虽然混凝土面板的整体应力变形是趋于平稳的，但通过本章的研究可知，
混凝土损伤是一个不断累积的过程，与混凝土的徐变变形相互促进，并且面板的
服役期通常可达到数十年，一旦混凝土损伤累积到一定程度，可能导致混凝土面
板最终发生破坏，对整个大坝的安全造成严重威胁。

3.5　本 章 小 结

本章考虑了混凝土徐变与损伤的耦合作用，通过引入损伤变量 D，构建了混
凝土徐变损伤耦合模型，基于统计损伤理论，假定混凝土损伤变量 D 服从威布尔
函数随机分布，并以有效应变能表征混凝土微单元强度，推导了威布尔分布参数

F_0 和 m 的计算公式,从而构建了损伤变量 D 的演化方程。同时,考虑到复杂条件下应力的变化性,进一步推求了复杂应力条件下,考虑徐变损伤耦合作用时混凝土应力增量与应变增量的关系,编制了适用于 ABAQUS 平台的徐变损伤 UMAT 子程序。并依据第 2 章中含初始损伤混凝土非线性徐变试验研究相关内容,利用编制的子程序进行了相应的数值计算,验证了混凝土徐变损伤耦合模型的准确性和适用性。

同时,采用构建的混凝土徐变损伤耦合模型,开展了混凝土在不同水平荷载持续作用下的徐变损伤计算,并基于徐变变形的三个阶段,对比分析了考虑徐变损伤耦合作用与不考虑徐变损伤耦合作用的混凝土徐变损伤发展规律。结果表明,在较低水平荷载持续作用下,应变能积累缓慢,混凝土内部裂缝难以扩展,徐变与损伤的耦合现象不明显,混凝土徐变变形行为趋于稳定,且主要为衰减徐变阶段(A 阶段)和稳定徐变阶段(B 阶段);随着持续荷载水平的提高,徐变和损伤耦合的现象越发明显,徐变与损伤相互作用,促使混凝土变形进入加速徐变阶段(C 阶段),并最终导致混凝土破坏。荷载水平越高,混凝土初始损伤就越大,徐变与损伤耦合的现象越明显,混凝土破坏时间越短,进一步验证了高水平荷载持续作用下混凝土徐变的非线性行为是徐变与损伤耦合作用的结果。

最后,针对某混凝土面板堆石坝运行期,开展了混凝土面板在长期蓄水作用下的应力变形特性研究,对比分析了混凝土面板在蓄水期、运行 1 年、运行 3 年及运行 5 年的挠度、顺坡向应力及损伤变量。研究结果表明,随着水压力的持续作用,混凝土面板的挠度、顺坡向应力及损伤变量均会不断增大,但分布规律基本一致。蓄水初期,各值增长速率整体较快,但伴随着时间的推移,各值增长速率逐渐降低,并趋于平稳。然而,混凝土损伤是一个不断累积的过程,与混凝土的长期变形相互促进,并且混凝土面板的服役期通常可达到数十年,一旦混凝土损伤累积到一定程度,则有可能导致混凝土面板最终发生破坏,从而对整个大坝的安全造成严重的威胁。

本章的研究结论解决了现有徐变模型对于高水平荷载下混凝土徐变变形预测精度不高的局限性,同时,可为混凝土面板的设计、施工及耐久性、安全性评价提供相应的数值计算工具和理论依据。

参 考 文 献

[1] MA H Q, CHI F D. Technical progress on researches for the safety of high concrete-faced rockfill dams[J]. Engineering, 2016, 2(3): 332-339.

[2] 徐泽平, 邓刚. 高面板堆石坝的技术进展及超高面板堆石坝关键技术问题探讨[J]. 水利学报, 2008, 39(10): 1226-1234.

[3] LIU H F, NING J G. Constitutive model for concrete subjected to impact loading[J]. Journal of Southeast

University(English Edition), 2012, 28(1): 79-84.

[4] 过镇海. 混凝土的强度和变形——试验基础和本构关系[M]. 北京: 清华大学出版社, 1997.

[5] HYDE T H, SUN W. Evaluation of the conversion relationship for impression creep testing[J]. International Journal of Pressure Vessels and Piping, 2009, 86(11): 757-763.

[6] SUN W, HYDE T H, BRETT S J. Application of impression creep data in life assessment of power plant materials at high temperatures[J]. Materials: Design and Applications, 2008, 222(3): 175-182.

[7] ASAMOTO S, KATO K, MAKI T. Effect of creep induction at an early age on subsequent prestress loss and structural response of prestressed concrete beam[J]. Construction and Building Materials, 2014, 70: 158-164.

[8] HAN B, XIE H B, ZHU L, et al. Nonlinear model for early age creep of concrete under compression strains[J]. Construction and Building Materials, 2017, 147: 203-211.

[9] ZHANG C, ZHU Z D, ZHU S, et al. Nonlinear creep damage constitutive model of concrete based on fractional calculus theory[J]. Materials, 2019, 12(9): 1-14.

[10] 李炎隆, 张再望, 卜鹏, 等. 镶嵌面板坝高模量区优化设计研究[J]. 应用力学学报, 2018, 35(2): 358-364, 455.

[11] LUU C H, MO Y L, HSU T T C. Development of CSMM-based shell element for reinforced concrete structures[J]. Engineering Structures, 2017, 132: 778-790.

[12] 罗先启, 刘德富, 王炎廷. 混凝土面板堆石坝面板约束问题的探讨[J]. 武汉水利电力大学(宜昌)学报, 1997, 19(4): 62-66.

[13] SMADI M M, SLATE F O, NILSON A H. Shrinkage and creep of high-, medium-, and low-strength concretes, including overloads[J]. ACI Materials Journal, 1987, 84(3): 224-234.

[14] LEE Y, YI S T, KIM M S, et al. Evaluation of a basic creep model with respect to autogenous shrinkage[J]. Cement and Concrete Research, 2006, 36(7):1268-1278.

[15] MAIA L, FIGUEIRAS J. Early-age creep deformation of a high strength self-compacting concrete[J]. Construction and Building Materials, 2012, 34: 602-610.

[16] ROSSI P, TAILHAN J L, LE MAOU F. Creep strain versus residual strain of a concrete loaded under various levels of compressive stress[J]. Cement and Concrete Research, 2013, 51(9): 32-37.

[17] HAMED E. Non-linear creep effects in concrete under uniaxial compression[J]. Magazine of Concrete Research, 2015, 67(16): 876-884.

[18] 刘国军, 杨永清, 郭凡, 等. 混凝土单轴受压时的徐变损伤研究[J]. 铁道建筑, 2012 (12): 163-165.

[19] RANAIVOMANANA N, MULTON S, TURATSINZE A. Basic creep of concrete under compression, tension and bending[J]. Construction and Building Materials, 2013, 38: 173-180.

[20] HILAIRE A, BENBOUDJEMA F, DARQUENNES A, et al. Modeling basic creep in concrete at early-age under compressive and tensile loading[J]. Nuclear Engineering and Design, 2014, 269: 222-230.

[21] ROSSI P, TAILHAN J L, LE MAOU F, et al. Basic creep behavior of concretes investigation of the physical mechanisms by using acoustic emission[J]. Cement and Concrete Research, 2012, 42(1): 61-73.

[22] ROSSI P, BOULAY C, TAILHAN J L, et al. Macrocrack propagation in concrete specimens under sustained loading: Study of the physical mechanisms[J]. Cement and Concrete Research, 2014, 63: 98-104.

[23] WANG Y Y, GENG Y, CHEN J, et al. Testing and analysis on nonlinear creep behaviour of concrete-filled steel tubes with circular cross-section[J]. Engineering Structures, 2019, 185: 26-46.

[24] HAMED E, LAI C. Geometrically and materially nonlinear creep behaviour of reinforced concrete columns[J]. Structures, 2016, 5: 1-12.

[25] PAN Z F, LI B, LU Z T. Re-evaluation of CEB-FIP 90 prediction models for creep and shrinkage with experimental database[J]. Construction and Building Materials, 2013, 38: 1022-1030.

[26] KEITEL H, DIMMIG-OSBURG A. Uncertainty and sensitivity analysis of creep models for uncorrelated and correlated input parameters[J]. Engineering Structures, 2010, 32: 3758-3767.

[27] GARDNER N J. Comparison of prediction provisions for drying shrinkage and creep of normal-strength concretes[J]. Canadian Journal of Civil Engineering, 2004, 31(5): 767-775.

[28] 黄海东, 向中富. 混凝土结构非线性徐变计算方法研究[J]. 工程力学, 2014, 31(2): 96-102.

[29] CHEN Z L, XIONG Y F, QIU H J, et al. Stress intensity factor-based prediction of solidification crack growth during welding of high strength steel[J]. Journal of Materials Processing Technology, 2018, 252: 270-278.

[30] YAN F, LIN Z B. Bond behavior of GFRP bar-concrete interface: Damage evolution assessment and FE simulation implementations[J]. Composite Structures, 2016, 155: 63-76.

[31] 徐卫亚, 韦立德. 岩石损伤统计本构模型的研究[J]. 岩石力学与工程学报, 2002, 21(6): 787-791.

[32] 邓华锋, 胡安龙, 李建林, 等. 水岩作用下砂岩劣化损伤统计本构模型[J]. 岩土力学, 2017, 38(3): 631-639.

[33] LI Y W, LONG M, ZUO L H, et al. Brittleness evaluation of coal based on statistical damage and energy evolution theory[J]. Journal of Petroleum Science and Engineering, 2019, 172: 753-763.

[34] LI Y W, JIA D, RUI Z H, et al. Evaluation method of rock brittleness based on statistical constitutive relations for rock damage[J]. Journal of Petroleum Science and Engineering, 2017, 153:123-132.

[35] 朱伯芳. 混凝土结构徐变应力分析的隐式解法[J]. 水利学报, 1983(5): 40-46.

[36] 庄茁, 张帆, 岑松, 等. ABAQUS 非线性有限元分析与实例[M]. 北京: 科学出版社, 2005.

[37] 黄雨, 周子舟. 下负荷面剑桥模型在 ABAQUS 中的开发实现[J]. 岩土工程学报, 2010, 32(1): 115-119.

[38] 朱伯芳. 大体积混凝土温度应力与温度控制[M]. 北京: 中国水利水电出版社, 2012.

[39] 彭凯, 黄志堂, 肖盛燮, 等. 持续荷载下混凝土抗压强度的时效模型[J]. 重庆建筑大学学报, 2004, 26(4): 29-34.

[40] 中华人民共和国住房和城乡建设部. 混凝土结构设计规范: GB 50010—2010[S]. 北京: 中国建筑工业出版社, 2010.

[41] 张敬华. 考虑水化度影响的混凝土面板温度裂缝数值分析[D]. 西安: 西安理工大学, 2018.

[42] 李炎隆, 张敬华, 张再望, 等. 基于正交试验法的高模量区 E-B 模型参数敏感性分析[J]. 水利水电科技进展, 2019, 39(1): 34-38, 45.

第4章 考虑水化度影响的混凝土面板温度裂缝数值仿真分析

4.1 引　言

混凝土面板浇筑初期，面板内部温度急剧上升，弹性模量随龄期增长而增大，并发生热膨胀变形。而当混凝土面板水化反应产生的热量比释放的热量低时，面板温度开始逐渐降低，此时混凝土面板收缩变形，当收缩应力超过面板的抗拉极限时，面板就会产生温度裂缝[1,2]。

相关研究发现，温度应力是造成面板早期裂缝的主要因素[3-5]，为此，大批学者针对混凝土面板温度场及温度应力问题开展了系统的研究[6-13]。然而，目前关于混凝土面板温度场和温度应力场的相关研究均认为，混凝土绝热温升是随龄期发展的，没有考虑温度对水化反应速率及力学性能的影响[14]。实际上，混凝土面板浇筑早期，其热力学性质随面板的温度-时间不断变化，主要原因是混凝土的水化反应速率及其热力学参数均会受到温度的影响。并且，在混凝土面板浇筑后的不同时刻，不同部位面板的温度和物理力学性质存在差异，温度越高的部位化学反应越快，等效龄期也越高，温升及力学性质变化也越快。若不考虑温度对混凝土面板水化反应速率及力学性能的影响，将难以准确掌握混凝土面板温度场及温度应力场的发展趋势，对于预防混凝土面板温度裂缝的产生是十分不利的。

鉴于此，本章基于热传导基本理论，引入了水化度和等效龄期概念，考虑混凝土面板水化反应速率及热力学参数随温度的变化，通过开发温度场及温度应力场计算子程序，对比分析水化度及等效龄期对温度场及温度应力场的影响。基于温度场计算结果，采用扩展有限元法进一步研究温度荷载作用下，混凝土面板早期温度裂缝的分布规律与扩展过程。本章结论对预防和减少混凝土面板非结构裂缝的形成和扩展，避免面板产生破坏及延长面板寿命具有重要意义。

4.2 混凝土面板温度场及温度应力场子程序开发

4.2.1 温度场计算基本理论

1. 水化热

混凝土在浇筑到硬化的过程中，伴随水泥水化反应会产生大量的水化热，使混凝土内部温度迅速升高，而在后期降温过程中，温度降低会使混凝土内部产生拉应力，进而产生较大的裂缝。因此，在混凝土温度场计算中，混凝土的水化热温升不容忽视。

混凝土在绝热情况下的温升与龄期 τ 的关系通常可用指数式、双曲线式或复合指数式表示[15]，分别如式(4.1)~式(4.3)所示：

$$\theta(\tau) = \theta_0 (1 - e^{-m\tau}) \tag{4.1}$$

$$\theta(\tau) = \theta_0 \times \tau / (n + \tau) \tag{4.2}$$

$$\theta(\tau) = \theta_0 (1 - e^{-a\tau^b}) \tag{4.3}$$

式中，$\theta(\tau)$——混凝土龄期 τ 时的绝热温升，℃；

θ_0——混凝土最终绝热温升，℃；

τ——混凝土龄期，d；

a、b、m、n——混凝土绝热温升参数。

2. 水化度

水化度可定义为水泥水化过程中某一时刻所释放的热量与完全水化释放热量的比值[16]，也可表示为某个时刻的绝热温升与最终完全水化反应的绝热温升之间的比值，如式(4.4)所示：

$$\alpha(\tau) = \frac{Q(\tau)}{Q_0} = \frac{\theta(\tau)}{\theta_0} \tag{4.4}$$

式中，$\alpha(\tau)$——混凝土在 τ 时刻的水化度；

$Q(\tau)$——混凝土在 τ 时刻释放的热量，J；

Q_0——混凝土完全水化释放的热量，J；

$\theta(\tau)$——混凝土在 τ 时刻的绝热温升，℃；

θ_0——混凝土最终绝热温升，℃。

对混凝土而言，不论不同部位的时间和温度怎么组合，只要其水化度相同，则它们的温度和热力学特性就是相同的[17]。

通常，采用阿伦尼乌斯公式来描述温度对水化反应速率的影响[18]，如式(4.5)所示：

$$K(T) = A e^{\frac{-E_A(T)}{R(T+273)}} \tag{4.5}$$

式中，$K(T)$——关于温度 T 的水化反应速率；

A——指前因子；

T——热力学温度，℃；

R——气体常量，8.314J/(mol·K)；

$E_A(T)$——混凝土活化能，kJ/mol。

文献[19]指出，当 $T \geqslant 20℃$ 时，$E_A=33.5$(kJ/mol)；当 $T < 20℃$ 时，$E_A=33.5+1.47\times(20-T)$(kJ/mol)。

3. 等效龄期

Hansen 等[20]基于阿伦尼乌斯公式提出了混凝土等效龄期计算函数，如式(4.6)所示：

$$t_e = \int_0^t e^{\frac{E_A}{R}\left(\frac{1}{T_0+273}-\frac{1}{T+273}\right)}dt \tag{4.6}$$

式中，t_e——混凝土相对于参考温度的等效龄期，d；

　　　T_0——参考温度，℃，一般取 20℃，即 293K；

　　　T——热力学温度，℃。

等效龄期(成熟度)的核心思想是，不论混凝土不同部位的时间和温度怎样组合，只要其等效龄期相同，则它们的温度特性就是相同的[21]。这一点与水化度的本质相契合。基于以上概念，国外专家将水化度与等效龄期联系起来，并基于试验研究得出了一系列基于等效龄期的水化度公式，常用的有指数型、双曲线型及复合指数型[22]，分别如式(4.7)～式(4.10)所示：

$$\alpha(t_e) = 1-e^{-at_e^b} \tag{4.7}$$

$$\alpha(t_e) = \frac{t_e}{t_e+1/C} \tag{4.8}$$

$$\alpha(t_e) = e^{-(m/t_e)^n} \tag{4.9}$$

$$\alpha(t_e) = e^{-[-\lambda_0 \cdot \ln(1+t_e/m)]^n} \tag{4.10}$$

式中，$\alpha(t_e)$——基于等效龄期的水化度；

　　　a、b、m、n、C、λ_0——常数，可根据试验结果拟合，也可通过类似工程取值。

4. 混凝土热力学性能参数

混凝土热力学性能参数包括密度 ρ (kg/m³)、比热容 c [kJ/(kg·℃)]、导热系数 λ [kJ/(m·h·℃)]及导温系数 a (m²/h)，四者之间关系如式(4.11)所示：

$$a = \frac{\lambda}{c\rho} \tag{4.11}$$

由式(4.11)可知，混凝土热力学性能参数只需通过试验得到其中 3 个，则可求出第 4 个参数。

　　导热系数 λ 是表征混凝土导热难易程度的系数，指在稳定的导热条件下，1m 厚的混凝土，两侧材料表面的温度差为 1℃，在 1h 内，通过 1m² 面积所传递的热量。国外专家通过试验研究表明，混凝土浇筑早期导热系数是不断变化的，基于此，Schindler[23]建立了混凝土浇筑早期导热系数与水化度的关系式，如式(4.12)所示：

$$\lambda(\alpha) = \lambda_{u} \times (1.33 - 0.33\alpha) \tag{4.12}$$

式中，$\lambda(\alpha)$——水化度 α 对应的导热系数，kJ/(m·h·℃)；

　　　λ_{u}——完全水化的导热系数，kJ/(m·h·℃)；

　　　α——水化度。

　　比热容 c 表示单位质量材料的热容量。研究表明，混凝土比热容受水分和温度的影响较大，且在硬化过程中与水化度呈线性反比关系。因此，Van Breugel[24]给出了混凝土早期比热容变化公式，如式(4.13)所示：

$$c = \frac{m_{c}\alpha c_0 + m_{c}(1-\alpha)c_{c} + m_{a}c_{a} + m_{w}c_{w}}{\rho} \tag{4.13}$$

其中，

$$c_0 = 0.0084T + 0.339 \tag{4.14}$$

式中，c——混凝土当前的比热容，kJ/(kg·℃)；

　　　m_{c}、m_{a}、m_{w}——每立方米水泥、骨料和水的质量，kg；

　　　c_{c}、c_{a}、c_{w}——水泥、骨料和水的比热容，kJ/(kg·℃)；

　　　c_0——混凝土水泥的假定比热容，kJ/(kg·℃)；

　　　α——水化度；

　　　T——混凝土实际温度，℃。

4.2.2　温度场及温度应力场计算子程序编写

　1. 温度场子程序开发

　　采用 ABAQUS 进行混凝土面板温度场有限元计算，而 ABAQUS 本身并不能模拟混凝土的温度变化，因此需用到 ABAQUS 子程序来实现。

　　(1) 由于水化反应，混凝土面板会释放大量的水化热，其内部温度急剧上升。然而，混凝土生热速率是时间与温度的综合效应，与水化度密不可分。

　　(2) 导热系数和比热容会随时间的发展而发生变化，受水化度影响显著。

　　(3) 水化度可将等效龄期与热力学参数联立起来，并最终由时间与温度综合确定。

　　以上问题的存在使得无法采用 ABAQUS 直接进行混凝土面板温度场的相关计算，因此本节开发了 UMATHT 子程序，用以定义混凝土的水化反应放热公式，同时也可定义导热系数和比热容随时间的变化，编写基本流程如下：

(1) 定义水化反应开始的时间。

(2) 定义混凝土绝热温升及时间增量 Δt 内的温差 DTEMP。

(3) 定义混凝土面板单位质量的内能 U。

(4) 更新内能 U。

(5) 定义并更新热流矢量 FLUX。

以上步骤是 UMATHT 子程序的简单形式，可用以模拟混凝土的绝热温升过程。若进一步考虑混凝土放热过程及自然冷却过程，则可通过定义 FILM 子程序中的表面热交换系数 $H(1)$，以实现大气温度变化及混凝土温度计算的第三类边界条件。

考虑了混凝土的等效龄期，采用依赖于解的状态变量 STATEV(NSTATV) 表示等效龄期及水化度，温度场计算子程序流程图如图 4.1 所示。

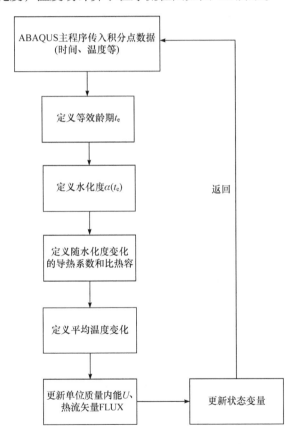

图 4.1　温度场计算子程序流程图

进行混凝土温度场计算时，需预先知道混凝土放热能力，混凝土绝热温升可为放热计算提供重要依据。通常认为，大体积混凝土在早龄期是处于绝热条件下，但一般情况下，由于热量散失的影响，混凝土结构的实际温升要低于绝热温升，但仍可依据绝热温升计算出混凝土早龄期的温度场。图 4.2 为混凝土实际温升与放热曲线示意图。

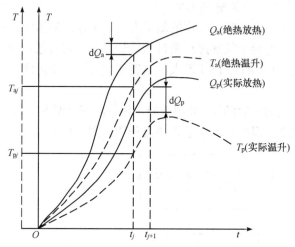

图 4.2　混凝土实际温升与放热曲线示意图[25]

任取一段时间 t_j 到 t_{j+1}，则在 Δt 时间内，绝热情况下放热量为 ΔQ_{aj}，实际情况下放热量为 ΔQ_{pj}。当时间步增量较小时，有

$$\frac{K(T_{pj})}{K(T_{aj})}=\frac{\Delta Q_{pj}/\Delta t_j}{\Delta Q_{aj}/\Delta t_j}=\frac{\Delta Q_{pj}}{\Delta Q_{aj}} \tag{4.15}$$

式中，$K(T_{pj})$——实际情况下 j 时刻的水化反应速率；

$\quad\quad K(T_{aj})$——绝热情况下 j 时刻的水化反应速率；

$\quad\quad \Delta Q_{pj}$——Δt_j 时间段内实际情况的放热量，℃；

$\quad\quad \Delta Q_{aj}$——Δt_j 时间段内绝热情况的放热量，℃。

基于式(4.15)，考虑到一般在试验时混凝土的温度为 20～25℃，则式(4.15)可改写为

$$\frac{\Delta Q_{pj}}{\Delta Q_{aj}}=\frac{K(T_{pj})}{K(T_{aj})}=\exp\left(\frac{E_A}{R}\times\frac{T_{pj}-T_{aj}}{T_{pj}T_{aj}}\right) \tag{4.16}$$

式中，E_A——混凝土活化能，kJ/mol；

$\quad\quad R$——气体常量，8.314J/(mol·K)；

$\quad\quad T_{pj}$——j 时刻的实际温度，℃；

$\quad\quad T_{aj}$——j 时刻的绝热温度，℃。

由此可得

$$\Delta Q_{pj} = \Delta Q_{aj} \times \exp\left(\frac{E_A}{R} \times \frac{T_{pj} - T_{aj}}{T_{pj} T_{aj}} \right) \tag{4.17}$$

因此，可知实际放热速率和绝热放热速率的关系为

$$q_{pj} = q_{aj} \times \exp\left(\frac{E_A}{R} \times \frac{T_{pj} - T_{aj}}{T_{pj} T_{aj}} \right) \tag{4.18}$$

式中，q_{pj}——实际放热情况下 j 时刻的放热速率；

q_{aj}——绝热放热情况下 j 时刻的放热速率。

2. 温度应力场子程序开发

温度应力采用弹性徐变模型进行计算，弹性徐变理论的推导过程已在 3.2 节介绍，此处不再赘述。在 3.2 节的基础上引入温度应变、干缩应变及自生体积变形应变。因此，应变增量为

$$\{\Delta\varepsilon_n\} = \{\Delta\varepsilon_n^e\} + \{\Delta\varepsilon_n^c\} + \{\Delta\varepsilon_n^T\} + \{\Delta\varepsilon_n^s\} + \{\Delta\varepsilon_n^0\} \tag{4.19}$$

其中，

$$\{\Delta\varepsilon_n^T\} = \left\{ \begin{array}{c} \alpha\Delta T_n \\ \alpha\Delta T_n \\ \alpha\Delta T_n \\ 0 \\ 0 \\ 0 \end{array} \right\} \tag{4.20}$$

式中，$\{\Delta\varepsilon_n\}$——总应变增量列阵；

$\{\Delta\varepsilon_n^e\}$——弹性应变增量列阵；

$\{\Delta\varepsilon_n^c\}$——徐变应变增量列阵；

$\{\Delta\varepsilon_n^T\}$——温度应变增量列阵；

$\{\Delta\varepsilon_n^s\}$——干缩应变增量列阵；

$\{\Delta\varepsilon_n^0\}$——自生体积变形应变增量列阵；

ΔT_n——温度增量。

应力增量与应变增量的关系为

$$\{\Delta\sigma_n\} = [\bar{D}_n](\{\Delta\varepsilon_n\} - \{\eta_n\} - \{\Delta\varepsilon_n^T\} - \{\Delta\varepsilon_n^s\} - \{\Delta\varepsilon_n^0\}) \tag{4.21}$$

至此，便可获得温度应力计算本构方程：

$$\begin{cases} [\sigma_{i+1}] = [\sigma_i] + [\Delta\sigma] \\ [\Delta\sigma] = [\bar{D}_n][\Delta\varepsilon] \end{cases} \tag{4.22}$$

温度应力场子程序选用 UMAT 进行编写。温度应力场计算子程序流程图如图 4.3 所示。

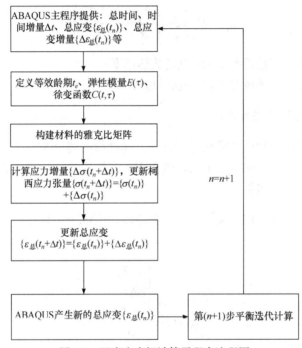

图 4.3　温度应力场计算子程序流程图

(1) 在平衡时刻 t_n，主程序向子程序提供总时间，时间增量 Δt，总应变 $\{\varepsilon_{总}(t_n)\}$ 和总应变增量 $\{\Delta\varepsilon_{总}(t_n)\}$，此时，平衡时刻的应力 $\{\sigma(t_n)\}$ 已由上一步计算求得。这些变量信息将传入子程序以计算新的柯西应力张量 $\{\sigma(t_n+\Delta t)\}$。

(2) 定义等效龄期 t_e、弹性模量 $E(\tau)$、徐变度 $C(t,\tau)$。

(3) 通过参数构建材料的雅克比矩阵。

(4) 利用雅克比矩阵，通过应变增量计算相应的应力增量 $\{\Delta\sigma(t_n+\Delta t)\}$，并更新柯西应力张量为 $\{\sigma(t_n+\Delta t)\} = \{\sigma(t_n)\} + \{\Delta\sigma(t_n)\}$。应力的更新过程通过编写 UMAT 子程序实现。

(5) ABAQUS 主程序更新总应变 $\{\varepsilon_{总}(t_n+\Delta t)\} = \{\varepsilon_{总}(t_n)\} + \{\Delta\varepsilon_{总}(t_n)\}$，产生新的总应变 $\{\varepsilon_{总}(t_{n+1})\}$。

(6) 更新刚度矩阵并返回 ABAQUS 主程序进行平衡迭代计算，若收敛则进行下一步平衡迭代计算，否则采用第一次调用的矩阵对应变增量调整并重新进行收敛判断，若在最大迭代次数内还未收敛则计算终止报错。

3. 算例验证

为验证温度场及温度应力场计算子程序的正确性，选取文献[26]中嵌固板为例进行计算，并与文献中的结果进行对比，以验证子程序的可行性。

1) 绝热温升

混凝土板尺寸为 100m×100m×3m(长×宽×高)，如图 4.4 所示，图中 A 点为监测中心点。混凝土板绝热温升计算有限元模型如图 4.5 所示。假定混凝土的浇筑温度为 0℃，计算周期为 360d(一次浇筑完成)，混凝土板绝热温升计算参数见表 4.1。

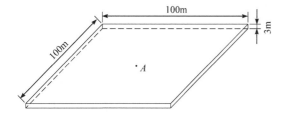

图 4.4　混凝土板尺寸示意图　　　　图 4.5　混凝土板绝热温升计算有限元模型

表 4.1　混凝土板绝热温升计算参数[26]

密度ρ/(kg/m³)	泊松比μ	导热系数λ/[kJ/(m · d · ℃)]	比热容 c/[kJ/(kg · ℃)]	绝热温升θ/℃
2400	0.167	220	0.9167	$25\tau/(1.0+\tau)$

混凝土板导热系数和比热容如表 4.1 所示为定值，混凝土板四周施加绝热边界条件，即不放热，计算周期为 360d(一次浇筑完成)。混凝土板监测中心点 A 绝热温升曲线如图 4.6 所示。

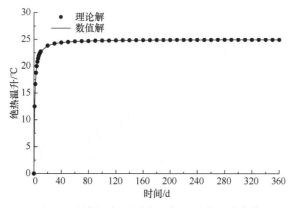

图 4.6　混凝土板监测中心点 A 绝热温升曲线

从图 4.6 可以看出，混凝土板浇筑后温度迅速上升，由于没有散热，最终混凝土温度为表 4.1 所示的 25℃，且有限元计算结果与理论公式计算结果相吻合，验证了温度场计算子程序中定义绝热温升的正确性。

2) 嵌固板温度场

选取文献[26]中无限平板进行温度场子程序验证，混凝土板温度场计算参数如表 4.2 所示。假设混凝土温度只在厚度方向变化，板的顶面暴露在空气中，按第三类边界条件处理，混凝土四周面及底面设置绝热边界条件。混凝土浇筑温度与大气温度均设为 0℃，计算周期为 360d(一次浇筑完成)。

表 4.2　混凝土板温度场计算参数

密度 ρ/(kg/m³)	放热系数 β /[kJ/(m²·d·℃)]	导热系数 λ /[kJ/(m·d·℃)]	比热容 c /[kJ/(kg·℃)]	绝热温升 θ/℃
2400	2400	240	1	$25 \times \left(1.0 - e^{-0.384\tau}\right)$

为使计算结果更加准确，对混凝土板厚度方向的网格进行了加密。混凝土板温度场计算有限元模型如图 4.7 所示。混凝土板厚度方向结点温度历时曲线如图 4.8 所示。

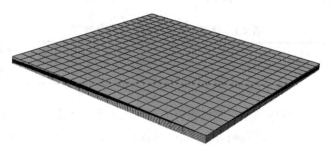

图 4.7　混凝土板温度场计算有限元模型

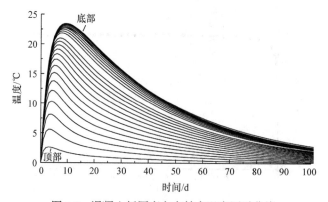

图 4.8　混凝土板厚度方向结点温度历时曲线

从图 4.8 可以看出，混凝土板浇筑后，水化反应导致各结点温度表现为先升后降的规律；同时，由于混凝土板底部及四周绝热，仅顶部散热，各结点温度沿厚度方向由底到顶逐渐下降。

为验证温度场子程序的正确性，采用式(4.23)计算混凝土板的平均温度作为理论解[26]，并与温度场子程序计算的数值解进行对比。

$$T_m(t) = \theta_0 m \sum_{n=1}^{\infty} \frac{B_n}{s_n - m}(\mathrm{e}^{-mt} - \mathrm{e}^{-s_n t}) \tag{4.23a}$$

$$B_n = \frac{2B_i^2}{\mu_n^2(B_i^2 + B_i + \mu_n^2)}, \quad B_i = \frac{\beta L}{\lambda} \tag{4.23b}$$

$$s_n = \frac{\mu_n^2}{L^2} \tag{4.23c}$$

式中，$T_m(t)$——混凝土板浇筑层平均温度，℃；

θ_0——最终绝热温升，℃；

B_i——比欧准数；

μ_n——特征方程的根，特征方程为 $\cot \mu - \mu\lambda/(\beta L)$；

L——混凝土板浇筑层厚度，m；

m——水化热绝热温升参数，d^{-1}；

t——时间，d。

查表可得理论公式(4.23)参数 B_n、μ_n、s_n 等如表 4.3 所示[26]。

表 4.3　理论公式(4.23)参数[26]

L/m	m/d^{-1}	μ_1	μ_2	μ_3	B_1	B_2	B_3	s_1	s_2	s_3
3	0.384	1.5202	4.5615	7.6057	0.8354	0.0856	0.0297	0.0257	0.2312	0.6427

将表 4.3 中的参数值代入式(4.23)，可得混凝土板浇筑层平均温度 $T_m(t)$ 与最终绝热温升 θ_0 比值为

$$\frac{T_m(t)}{\theta_0} = 0.8953\left(\mathrm{e}^{-0.0257t} - \mathrm{e}^{-0.384t}\right) + 0.2151\left(\mathrm{e}^{-0.2312t} - \mathrm{e}^{-0.384t}\right)$$

$$+ 0.0441\left(\mathrm{e}^{-0.384t} - \mathrm{e}^{-0.6427t}\right) \tag{4.24}$$

采用图 4.8 所示的 25 个结点温度平均值作为混凝土板的平均温度数值解，则不同时间混凝土板浇筑层平均温度如表 4.4 所示，混凝土板浇筑层平均温度历时曲线如图 4.9 所示。

表 4.4　不同时间混凝土板浇筑层平均温度

时间/d	平均温度		
	理论解/℃	数值解/℃	相对误差/%
1	7.345	7.229	1.58
2	11.975	11.760	1.80
5	17.423	17.101	1.85
7	17.925	17.625	1.67
10	17.268	16.983	1.65
15	15.306	15.080	1.48
30	10.358	10.249	1.05
60	4.789	4.788	0.02
100	1.713	1.737	1.40

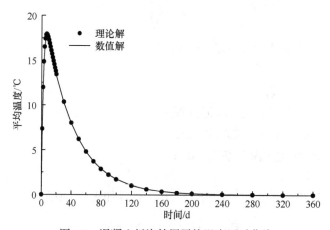

图 4.9　混凝土板浇筑层平均温度历时曲线

从表 4.4 及图 4.9 可以看出,混凝土板浇筑层平均温度符合先升后降的一般规律。从数值计算结果看,混凝土板平均温度于第 7 天达到最高温度,最高温度为 17.625℃,理论解最高温度为 17.925℃,数值解与理论解的相对误差为 1.67%。综上,数值计算所得的混凝土板浇筑层平均温度与理论公式计算的平均温度规律一致且相对误差较小,从而证明温度场计算子程序的合理性和正确性。

3) 嵌固板温度应力

混凝土板温度应力调用 4.2.2 小节所述的 UMAT 子程序进行计算,混凝土板弹性模量 $E(\tau)$ 采用式(4.25)计算。

$$E(\tau) = E_0 \left[1 - \exp\left(-0.4\tau^{0.34} \right) \right] \tag{4.25}$$

式中,E_0 ——混凝土最终弹性模量,取 30GPa。

混凝土板温度场计算参数如表 4.1 所示。混凝土浇筑温度与大气温度均设为

0℃。温度场计算边界条件：混凝土板温度只沿厚度方向变化，板的顶面暴露在空气中，按第三类边界条件处理，表面放热系数 β 为2000kJ/(m²·d·℃)，四周面设置为绝热边界条件，混凝土板底面与基岩接触(基岩的弹性模量为 20GPa)，设为第四类边界条件。

将温度场的计算结果作为预定义场施加在混凝土板上以进行温度应力的计算。温度应力计算的边界条件为：基岩底部设置固端约束，四周面设置对称接触。

由于温度场子程序的合理性已在嵌固板温度场计算中进行了验证，此处不再对温度场进行分析。表 4.5 给出了不同时间混凝土板中心点 A 的温度应力，图 4.10 为混凝土板监测中心点 A 的温度应力历时曲线。

表 4.5　不同时间混凝土板中心点 A 的温度应力

时间/d	温度应力		
	理论解/MPa	数值解/MPa	相对误差/%
1	−0.861	−0.835	3.02
2	−1.103	−1.026	6.98
5	−0.781	−0.725	7.17
10	−0.082	−0.081	1.22
15	0.393	0.410	4.33
30	1.243	1.186	4.59
60	1.886	1.803	4.40
360	2.126	2.034	4.33

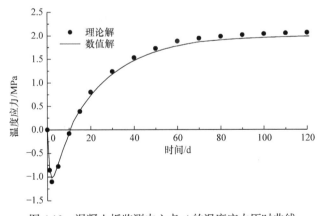

图 4.10　混凝土板监测中心点 A 的温度应力历时曲线

在时间为 2d 以前，混凝土板内全断面受压，主要是温升导致混凝土膨胀变形而受到约束的结果；5d 后，混凝土板表面局部出现拉应力，并向底面逐渐扩展；

30d 后，混凝土板全断面受拉。从表 4.5 及图 4.10 可以看出，混凝土板温度应力的数值解与理论解规律一致，相对误差较小，验证了本章温度应力场计算子程序的合理性及准确性。

4.3　考虑水化度影响的混凝土面板温度场及温度应力场

4.3.1　工程概况

基于 4.2 节开发的温度场及温度应力场子程序，对比分析水化度及等效龄期对混凝土面板温度场及温度应力场的影响。工程实例采用第 3 章所述的混凝土面板堆石坝工程，该工程基本概况已在 3.4.1 小节进行详细介绍，此处不再赘述。

本节选用某块混凝土面板所在的整个坝段进行温度场有限元计算，根据资料，面板从开始浇筑到蓄水共经历 128d，并采用分序跳仓，单块面板一次性滑模浇筑的施工方法。

4.3.2　坝址区气温资料

坝址区气温资料采用青海省循化撒拉族自治县气象站统计资料[27]，如表 4.6 所示。由表 4.6 可知，坝址区 7 月平均气温最高，且月平均气温在 12 个月内呈现周期性的变化规律。最终，取面板的浇筑温度为年平均气温 8.5℃，以混凝土面板开始浇筑时刻作为时间起点，气温的函数 $T_a(t)$ 表达式为

$$T_a(t) = 8.5 + 12.45\cos\left[\frac{\pi}{6}\left(\frac{t+95}{30} - 6.5\right)\right] \tag{4.26}$$

式中，t——时间，d。

表 4.6　坝址区气温资料[27]　　　　　　　　　　　（单位：℃）

月份	月平均气温	月平均最高气温	月平均最低气温
1	−5.2	2.7	−12.1
2	−1.6	6.0	−8.2
3	4.7	12.4	−1.4
4	10.7	18.4	4.1
5	14.6	21.4	8.3
6	17.4	24.1	10.5
7	19.7	26.2	13.6

月份	月平均气温	月平均最高气温	月平均最低气温
8	19.6	26.1	13.8
9	14.9	20.9	9.8
10	9.4	16.4	3.6
11	2.0	9.4	−4.3
12	−3.8	4.1	−10.3
年平均	8.5	15.7	2.3

4.3.3　计算参数

混凝土面板热力学参数如表 4.7 所示。

表 4.7　混凝土面板热力学参数[27]

密度/ (kg/m³)	平均比热容/ [kJ/(kg · ℃)]	导温系数/ (m²/d)	导热系数/ [kJ/(m·d · ℃)]	表面放热系数/ [kJ/(m² · d · ℃)]	线膨胀系数/ (10⁻⁶℃)	最终绝热 温升/℃
2400	0.98	0.089	211.92	2009.28	10.05	42.72

混凝土面板的绝热温升采用双曲线式计算，如式(4.27)所示：

$$\theta(\tau) = 42.72 \times \left[\tau / (2.04 + \tau)\right] \tag{4.27}$$

混凝土面板的弹性模量 $E(\tau)$ 与等效龄期 τ 的关系式如式(4.28)所示：

$$E(\tau) = 25000 \times \left[\tau / (6.64 + \tau)\right] \tag{4.28}$$

混凝土面板的徐变度计算公式如式(4.29)所示：

$$C(t,\tau) = (9.2 + 84.64\tau^{-0.45})\left[1 - e^{-0.3(t-\tau)}\right] + (20.84 + 35.36\tau^{-0.45})\left[1 - e^{-0.005(t-\tau)}\right] \tag{4.29}$$

式中，$\theta(\tau)$——混凝土面板的绝热温升，℃；

$\quad\ E(\tau)$——混凝土面板的弹性模量，MPa；

$\quad\ C(t,\tau)$——混凝土面板的徐变度，10^{-6}MPa；

$\quad\ \tau$——加荷龄期，d；

$\quad\ t-\tau$——荷载持续作用时长，d。

混凝土面板配合比、各原材料比热容，以及坝体堆石料和基岩等材料热力学参数通过类似工程相应试验成果类比确定。混凝土面板配合比及各原材料比热容如表 4.8 所示，坝体材料热力学参数如表 4.9 所示。

表 4.8　混凝土面板配合比及各原材料比热容[28]

原材料	用量/(kg/m³)	比热容/[kJ/(kg·℃)]
水泥	275	0.825
砂	816	0.867
石子	1199	0.775
水	110	4.187

表 4.9　坝体材料热力学参数[27]

材料	密度/(kg/m³)	导热系数/[kJ/(m·d·℃)]	表面放热系数/[kJ/(m²·d·℃)]	弹性模量/MPa	泊松比	线膨胀系数/(10⁻⁶℃)
垫层料	2180	127.20	847.92	150	0.30	0.30
过渡料	2150	148.32	988.80	182	0.30	0.30
堆石料	2200	106.08	707.28	235	0.30	0.85
基岩	2450	190.80	1272.00	10000	0.25	5.00

4.3.4　计算方案

方案 1：传统方法模型，即面板水化生热过程仅是关于龄期 τ 的函数。混凝土浇筑温度及坝体材料的初始温度均按年平均气温确定，面板浇筑完成后，采用 2.5cm 厚稻草席对面板表面进行保温，其等效表面放热系数 β 为 300.96 kJ/(m²·d·℃)。混凝土面板的绝热温升采用式(4.27)计算，导热系数及比热容见表 4.7，且在计算过程中不发生改变。

方案 2：考虑水化度影响，面板混凝土水化放热速率采用式(4.18)计算，其余条件同方案 1。

方案 3：基于方案 2 引入等效龄期，同时考虑导热系数和比热容随龄期 τ 的变化。其中，混凝土面板导热系数由式(4.12)求得，比热容由表 4.8、式(4.13)和式(4.14)共同求得，水化度采用式(4.8)计算。因此，混凝土面板绝热温升采用式(4.30)计算，其余条件同方案 1。

$$\theta(t_e) = \theta_0 \cdot \alpha(t_e) = \theta_0 \cdot \frac{t_e}{t_e + 1/C} \tag{4.30}$$

4.3.5　计算模型

根据该工程混凝土面板堆石坝标准剖面图(图 3.28)，建立图 4.11 所示的面板堆石坝温度场及温度应力场有限元计算模型。坐标系原点位于坝体横剖面中轴线与坝体和地基接触面的交点处，X 轴指向河谷下游为正，Y 轴沿坝轴线指向左岸为正，Z 轴竖直向上为正。模型厚度沿坝轴线方向延伸 12m。地基计算范围为沿上下游和地基方向分别延伸约一倍坝高(120m)。计算模型共有 4465 个结点，3280 个单元。温度场边界条件：坝基底面及 4 个侧面、坝体垂直于 Y 轴方向两侧面为绝热边界，基岩上表面、面板及坝体下游面为第三类边界条件(固-气边界)。应力场边界条件：坝基底面施加固定约束，4 个侧面按简支约束处理，除面板以外的坝体垂直于 Y 轴方向两侧面按 Y 向简支约束处理，其余按自由边界处理。

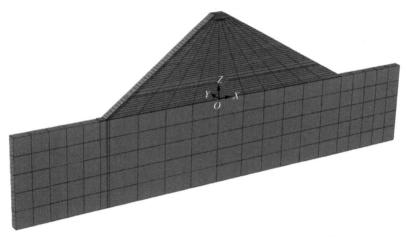

图 4.11　面板堆石坝温度场及温度应力场有限元计算模型

4.3.6　温度场结果

混凝土面板的厚度沿高程方向是线性变化的，顶部厚度最小(0.30m)，底部厚度最大(0.76m)，因此混凝土面板不同高程处的水化热是不同的。本小节选取具有代表性的混凝土面板底部高程(1884m)、中部高程(1944m)和顶部高程(1992m)的表面点及内部点(中心点)作为温度场分析的 3 组特征点。

以混凝土面板自开始浇筑后的 15d 为浇筑期，128d 为施工期。

1. 方案 1 混凝土面板温度场结果

图 4.12～图 4.14 分别为方案 1 混凝土面板底部、中部、顶部特征点浇筑期温度历时曲线。图 4.15～图 4.17 分别为方案 1 混凝土面板底部、中部、顶部特征点施工期温度历时曲线。

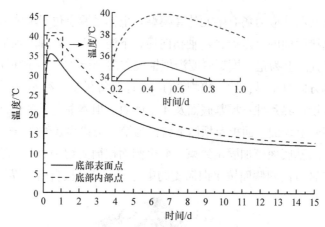

图 4.12   方案 1 混凝土面板底部特征点浇筑期温度历时曲线

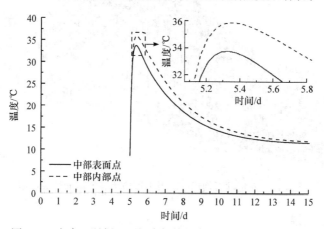

图 4.13   方案 1 混凝土面板中部特征点浇筑期温度历时曲线

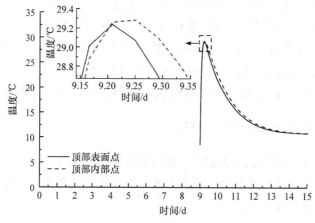

图 4.14   方案 1 混凝土面板顶部特征点浇筑期温度历时曲线

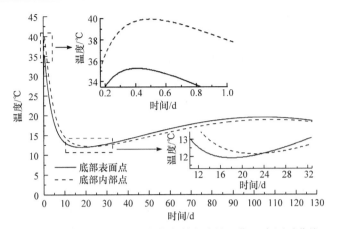

图 4.15　方案 1 混凝土面板底部特征点施工期温度历时曲线

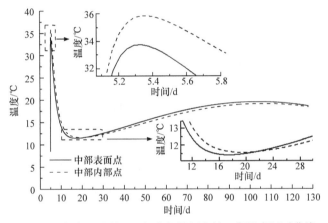

图 4.16　方案 1 混凝土面板中部特征点施工期温度历时曲线

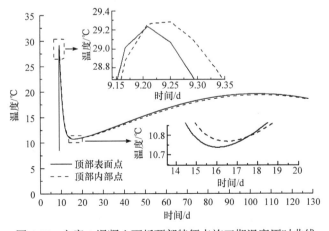

图 4.17　方案 1 混凝土面板顶部特征点施工期温度历时曲线

从图 4.12 可以看出，方案 1 混凝土面板底部表面点温度上升至最高温度用时 10.0h，特征点最高温度为 35.25℃，最大温升为 26.75℃；混凝土面板底部内部点温度上升至最高温度用时 12.0h，特征点最高温度为 39.95℃，最大温升为 31.45℃。从图 4.13 可以看出，方案 1 混凝土面板中部表面点温度上升至最高温度用时 8.0h，特征点最高温度为 33.74℃，最大温升为 25.24℃；混凝土面板中部内部点温度上升至最高温度用时 10.0h，特征点最高温度为 35.85℃，最大温升值为 28.35℃。从图 4.14 可以看出，方案 1 混凝土面板顶部表面点温度上升至最高温度用时 5.0h，特征点最高温度为 29.24℃，最大温升为 20.74℃；混凝土面板顶部内部点温度上升至最高温度用时 6.0h，特征点最高温度为 29.28℃，最大温升为 20.78℃。方案 1 混凝土面板浇筑早期因水化反应作用，各组特征点温度急剧上升。对比分析，各组内部点最大温升及温升时长均大于表面点，且最大温升与温升时长随着混凝土面板厚度的减小而减小。

从图 4.15 可以看出，方案 1 混凝土面板底部表面点温度由最高温度下降至最低温度用时 19.0d，特征点最低温度为 11.94℃，最大温降为 23.31℃；混凝土面板底部内部点温度由最高温度下降至最低温度用时 22.0d，特征点最低温度为 12.15℃，最大温降为 27.80℃。从图 4.16 可以看出，方案 1 混凝土面板中部表面点温度由最高温度下降至最低温度用时 14.0d，特征点最低温度为 11.45℃，最大温降为 22.29℃；混凝土面板中部内部点温度由最高温度下降至最低温度用时 15.0d，特征点最低温度为 11.56℃，最大温降为 24.29℃。从图 4.17 可以看出，方案 1 混凝土面板顶部表面点温度由最高温度下降至最低温度用时 7.5d，特征点最低温度为 10.74℃，最大温降为 18.50℃；混凝土面板顶部内部点温度由最高温度下降至最低温度用时 8.0d，特征点最低温度为 10.77℃，最大温降为 18.51℃。达到最高温度后，由于混凝土面板厚度较小，散热面积较大，混凝土面板温度逐渐下降，最终随着气温变化而变化。对比分析，方案 1 各组内部点最大温降及温降时长均大于表面点，且最大温降与温降时长随着混凝土面板厚度减小而减小。

2. 方案 2 混凝土面板温度场结果

图 4.18～图 4.20 分别为方案 2 混凝土面板底部、中部、顶部特征点浇筑期温度历时曲线。图 4.21～图 4.23 分别为方案 2 混凝土面板底部、中部、顶部特征点施工期温度历时曲线。

从图 4.18 可以看出，方案 2 混凝土面板底部表面点温度上升至最高温度用时 9.0h，特征点最高温度为 33.26℃，最大温升为 24.76℃；混凝土面板底部内部点温度上升至最高温度用时 11.0h，特征点最高温度为 38.12℃，最大温升为 29.62℃。从图 4.19 可以看出，方案 2 混凝土面板中部表面点温度上升至最高温度用时 7.0h，特征点最高温度为 31.72℃，最大温升为 23.22℃；混凝土面板中部内部点温度上

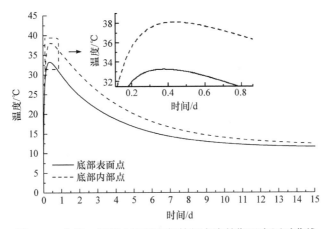

图 4.18　方案 2 混凝土面板底部特征点浇筑期温度历时曲线

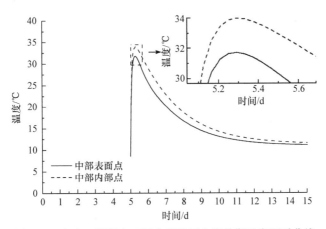

图 4.19　方案 2 混凝土面板中部特征点浇筑期温度历时曲线

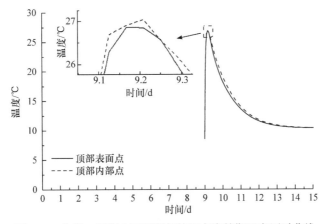

图 4.20　方案 2 混凝土面板顶部特征点浇筑期温度历时曲线

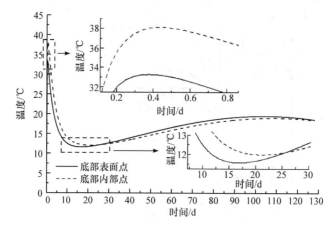

图 4.21 方案 2 混凝土面板底部特征点施工期温度历时曲线

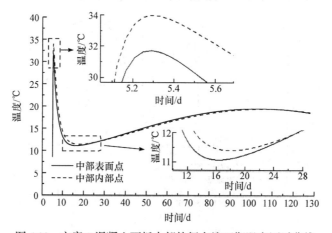

图 4.22 方案 2 混凝土面板中部特征点施工期温度历时曲线

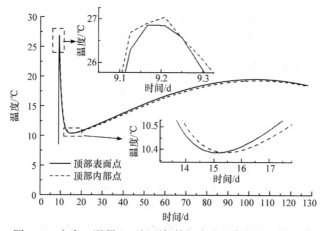

图 4.23 方案 2 混凝土面板顶部特征点施工期温度历时曲线

升至最高温度用时 8.0h，特征点最高温度为 33.97℃，最大温升为 25.47℃。从
图 4.20 可以看出，方案 2 混凝土面板顶部表面点温度上升至最高温度用时 4.0h，
特征点最高温度为 26.85℃，最大温升为 18.35℃；混凝土面板顶部内部点温度上
升至最高温度用时 5.0h，特征点最高温度为 27.03℃，最大温升为 18.53℃。方
案 2 混凝土面板各组特征点早期温升规律与方案 1 相同，仅在数值上存在一定
差异。

　　从图 4.21 可以看出，方案 2 混凝土面板底部表面点温度由最高温度下降至最
低温度用时 19.0d，特征点最低温度为 11.61℃，最大温降为 21.65℃；混凝土面板
底部内部点温度由最高温度下降至最低温度用时 22.0d，特征点最低温度为
11.99℃，最大温降为 26.13℃。从图 4.22 可以看出，方案 2 混凝土面板中部表面
点温度由最高温度下降至最低温度用时 12.0d，特征点最低温度为 11.07℃，最大
温降为 20.65℃；混凝土面板中部内部点温度由最高温度下降至最低温度用时
13.0d，特征点最低温度为 11.44℃，最大温降为 22.53℃。从图 4.23 可以看出，方
案 2 混凝土面板顶部表面点温度由最高温度下降至最低温度用时 6.2d，特征点最
低温度为 10.39℃，最大温降为 16.46℃；混凝土面板顶部内部点温度由最高温度
下降至最低温度用时 6.5d，特征点最低温度为 10.39℃，最大温降为 16.64℃。方
案 2 各特征点温度最终也会随着气温变化而变化，且最大温降与温降时长随面板
厚度的变化规律与方案 1 一致。

3. 方案 3 混凝土面板温度场结果

　　图 4.24～图 4.26 分别为方案 3 混凝土面板底部、中部、顶部特征点浇筑期温
度历时曲线。图 4.27～图 4.29 分别为方案 3 混凝土面板底部、中部、顶部特征点
施工期温度历时曲线。

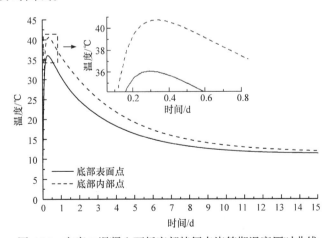

图 4.24　方案 3 混凝土面板底部特征点浇筑期温度历时曲线

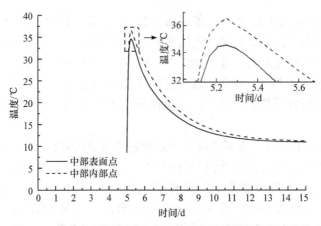

图 4.25　方案 3 混凝土面板中部特征点浇筑期温度历时曲线

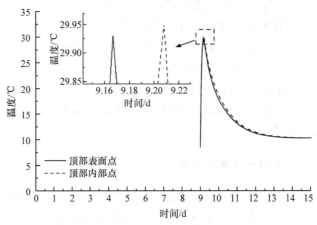

图 4.26　方案 3 混凝土面板顶部特征点浇筑期温度历时曲线

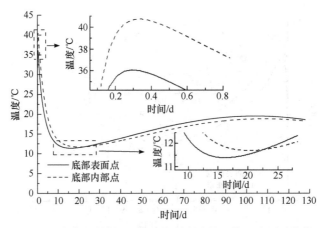

图 4.27　方案 3 混凝土面板底部特征点施工期温度历时曲线

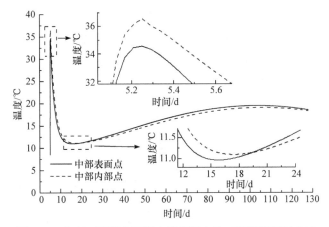

图 4.28　方案 3 混凝土面板中部特征点施工期温度历时曲线

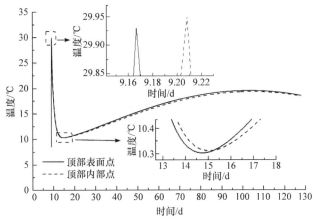

图 4.29　方案 3 混凝土面板顶部特征点施工期温度历时曲线

从图 4.24 可以看出，方案 3 混凝土面板底部表面点温度上升至最高温度用时 7.0h，特征点最高温度为 36.08℃，最大温升为 27.58℃；混凝土面板底部内部点温度上升至最高温度用时 8.0h，特征点最高温度为 40.74℃，最大温升为 32.24℃。从图 4.25 可以看出，方案 3 混凝土面板中部表面点温度上升至最高温度用时 6.0h，特征点最高温度为 34.55℃，最大温升为 26.05℃；混凝土面板中部内部点温度上升至最高温度用时 7.0h，特征点最高温度为 36.55℃，最大温升为 28.05℃。从图 4.26 可以看出，方案 3 混凝土面板顶部表面点温度上升至最高温度用时 4.0h，特征点最高温度为 29.93℃，最大温升为 21.43℃；混凝土面板顶部内部点温度上升至最高温度用时 5.0h，特征点最高温度为 29.95℃，最大温升为 21.45℃。同样，方案 3 混凝土面板各组特征点早期温升规律与方案 1 及方案 2 相同，仅在数值上存在一定差异。

从图 4.27 可以看出，方案 3 混凝土面板底部表面点温度由最高温度下降至最低温度用时 17.0d，特征点最低温度为 11.39℃，最大温降为 24.69℃；混凝土面板底部内部点温度由最高温度下降至最低温度用时 20.0d，特征点最低温度为 11.69℃，最大温降为 29.05℃。从图 4.28 可以看出，方案 3 混凝土面板中部表面点温度由最高温度下降至最低温度用时 11.4d，特征点最低温度为 10.97℃，最大温降为 23.58℃；混凝土面板中部内部点温度由最高温度下降至最低温度用时 13.2d，特征点最低温度为 11.10℃，最大温降为 25.45℃。从图 4.29 可以看出，方案 3 混凝土面板顶部表面点温度由最高温度下降至最低温度用时 5.8d，特征点最低温度为 10.30℃，最大温降为 19.63℃；混凝土面板顶部内部点温度由最高温度下降至最低温度用时 6.2d，特征点最低温度为 10.31℃，最大温降为 19.64℃。方案 3 各特征点温度最终也会随着气温变化而变化，且最大温降与温降时长随面板厚度的变化规律与方案 1 及方案 2 一致。

4. 水化度、等效龄期对混凝土面板温度场的影响

综上，3 组计算方案混凝土面板温度历时曲线均符合一般规律，表明各方案的计算结果均具有可信性，同时也验证了计算程序的合理性。为了进一步分析水化度、等效龄期及热力学参数对混凝土面板温度场的影响，提取各方案特征点温升时长、最高温度、最大温升、温降时长、最低温度和最大温降，如表 4.10 所示。分别选取各方案表面点及内部点浇筑期温度历时曲线进行对比分析，如图 4.30 和图 4.31 所示。

表 4.10　各方案混凝土面板特征点温度场计算结果

方案	观测点位置		温升时长/h	最高温度/℃	最大温升/℃	温降时长/d	最低温度/℃	最大温降/℃
方案 1	底部(高程 1884m)	表面点	10.0	35.25	26.75	19.0	11.94	23.31
		内部点	12.0	39.95	31.45	22.0	12.15	27.80
	中部(高程 1944m)	表面点	8.0	33.74	25.24	14.0	11.45	22.29
		内部点	10.0	35.85	27.35	15.0	11.56	24.29
	顶部(高程 1992m)	表面点	5.0	29.24	20.74	7.5	10.74	18.50
		内部点	6.0	29.28	20.78	8.0	10.77	18.51
方案 2	底部(高程 1884m)	表面点	9.0	33.26	24.76	19.0	11.61	21.65
		内部点	11.0	38.12	29.62	22.0	11.99	26.13
	中部(高程 1944m)	表面点	7.0	31.72	23.22	12.0	11.07	20.65
		内部点	8.0	33.97	25.47	13.0	11.44	22.53

续表

方案	观测点位置		温升 时长/h	最高 温度/℃	最大 温升/℃	温降 时长/d	最低 温度/℃	最大 温降/℃
方案2	顶部 (高程1992m)	表面点	4.0	26.85	18.35	6.2	10.39	16.46
		内部点	5.0	27.03	18.53	6.5	10.39	16.64
方案3	底部 (高程1884m)	表面点	7.0	36.08	27.58	17.0	11.39	24.69
		内部点	8.0	40.74	32.24	20.0	11.69	29.05
	中部 (高程1944m)	表面点	6.0	34.55	26.05	11.4	10.97	23.58
		内部点	7.0	36.55	28.05	13.2	11.10	25.45
	顶部 (高程1992m)	表面点	4.0	29.93	21.43	5.8	10.30	19.63
		内部点	5.0	29.95	21.45	6.2	10.31	19.64

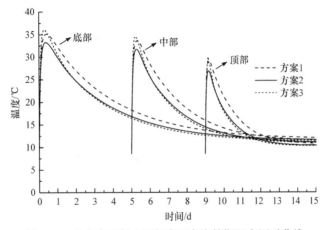

图 4.30 各方案混凝土面板表面点浇筑期温度历时曲线

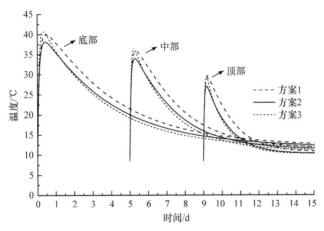

图 4.31 各方案混凝土面板内部点浇筑期温度历时曲线

从表 4.10、图 4.30 及图 4.31 可以看出,方案 2 混凝土面板的计算温度始终低于方案 1,且各特征点最高温度比方案 1 最多低 1.99℃,这是因为实际放热速率要始终小于绝热放热速率,单位时间内的放热量要小于绝热放热量。因此,实际情况下混凝土面板各点的温升要小于同时段内的绝热温升,并且内部点的这种差值相比于表面点更小,原因是内部点相对更接近于绝热条件。方案 3 混凝土面板浇筑早期温度上升速度相对较快,且各特征点最高温度比方案 1 最多高 0.83℃,这是由于方案 3 混凝土面板早期导热系数较大,水化反应剧烈使温度迅速升高,而温度升高又进一步促进了水化反应,而之后温降过程也快于方案 1,原理同温升过程。图 4.30 和图 4.31 中,方案 2 与方案 3 温度历时曲线交点对应的时刻,即是该特征点水化度达到 1 的时刻,该时刻之后两方案温度历时曲线基本一致,但方案 2 对水化过程中的温度模拟偏低,这会导致混凝土面板早期内外计算温差偏低,从而影响工程设计的安全性。因此,在对混凝土面板浇筑早期的温度场进行计算时,引入水化度和等效龄期的概念,并考虑温度对热力学参数的影响更为合理。

5. 混凝土面板性态参数变化规律

基于考虑等效龄期、水化度影响的温度场模型,进一步分析了等效龄期、水化度、导热系数、比热容等温度场性态参数随时间的变化过程。

1) 等效龄期变化规律

图 4.32~图 4.37 分别为方案 3 混凝土面板底部、中部、顶部特征点浇筑期及施工期等效龄期变化过程。

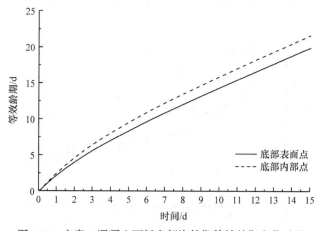

图 4.32　方案 3 混凝土面板底部浇筑期等效龄期变化过程

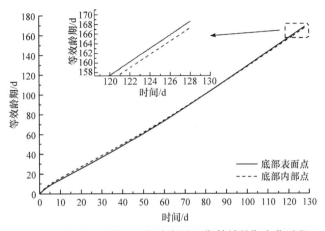

图 4.33 方案 3 混凝土面板底部施工期等效龄期变化过程

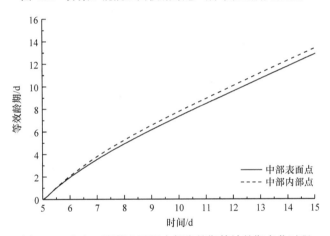

图 4.34 方案 3 混凝土面板中部浇筑期等效龄期变化过程

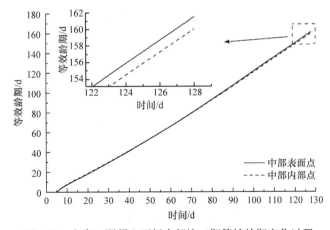

图 4.35 方案 3 混凝土面板中部施工期等效龄期变化过程

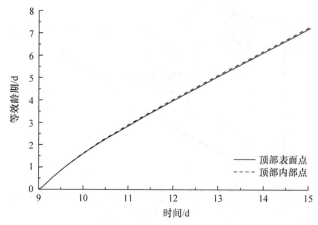

图 4.36　方案 3 混凝土面板顶部浇筑期等效龄期变化过程

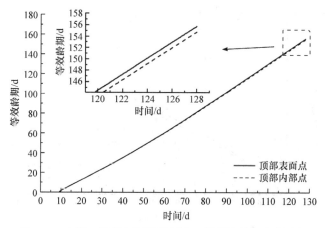

图 4.37　方案 3 混凝土面板顶部施工期等效龄期变化过程

　　从图 4.32～图 4.37 可以看出，在混凝土面板浇筑初期，等效龄期的发展与时间基本一致，但在浇筑后的 10.0h 左右，等效龄期开始快速增长，并与时间呈线性关系。究其原因，主要是混凝土面板浇筑初期各结点温度基本一致，因此等效龄期早期增幅不大，但随着水混凝土面板温度的升高，等效龄期开始快速增长。由于混凝土面板厚度较小，混凝土面板表面点和内部点等效龄期相差不大，但根据温度场计算结果，混凝土面板温升阶段其内部点温度要高于表面点，可以看出，在混凝土面板浇筑早期，内部点的等效龄期要大于表面点；温降过后，混凝土面板的温度随着气温变化，由于表面点相比于内部点受气温影响更大，表现为内部点等效龄期略低于表面点等效龄期。最终，混凝土面板底部表面点等效龄期为 168.0d，内部点等效龄期为 167.0d；混凝土面板中部表面点等效龄期为 161.0d，内部点等效龄期为 160.0d；混凝土面板顶部表面点等效龄期为 155.0d，内部点等效龄期为 154.0d。等效龄期随着混凝土面板厚度减小而减小，与混凝土面板温度场的发展相契合。

2) 水化度变化规律

图 4.38～图 4.40 分别为方案 3 混凝土面板底部、中部、顶部特征点浇筑后 3d
水化度变化过程。

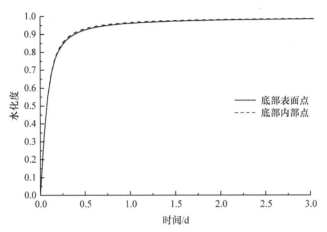

图 4.38　方案 3 混凝土面板底部浇筑后 3d 水化度变化过程

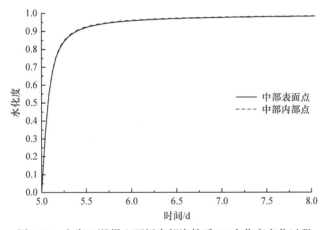

图 4.39　方案 3 混凝土面板中部浇筑后 3d 水化度变化过程

从图 4.38～图 4.40 可以看出，混凝土面板同一高程表面点和内部点的水化反
应速率基本一致，且两者之间的误差随着混凝土面板厚度的减小而减小；同时，
混凝土水化反应速率也随着混凝土面板厚度的减小而减小。最终，各组特征点水
化反应于混凝土浇筑后 3.0d 结束，水化度值近似为 1.0。

3) 导热系数变化规律

图 4.41～图 4.43 分别为方案 3 混凝土面板底部、中部、顶部特征点浇筑后 3d
导热系数变化过程。

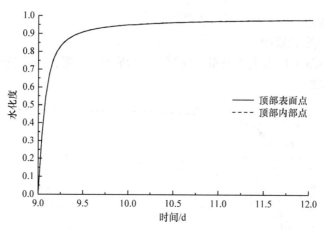

图 4.40　方案 3 混凝土面板顶部浇筑后 3d 水化度变化过程

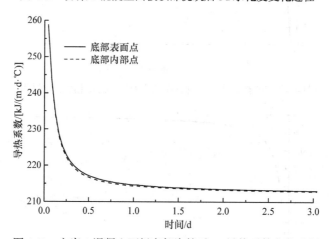

图 4.41　方案 3 混凝土面板底部浇筑后 3d 导热系数变化过程

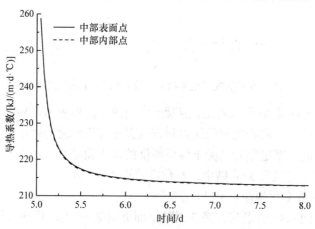

图 4.42　方案 3 混凝土面板中部浇筑后 3d 导热系数变化过程

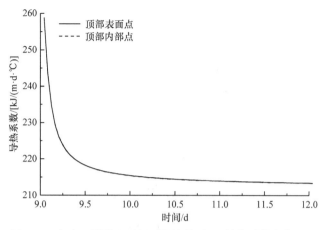

图 4.43　方案 3 混凝土面板顶部浇筑后 3d 导热系数变化过程

从图 4.41～图 4.43 可以看出，混凝土面板浇筑后，各组特征点的导热系数快速降低，随着时间推移，导热系数变化速率逐渐降低，并于混凝土面板浇筑后 3d 逐渐趋于稳定。同时，各组特征点同一时刻内部点导热系数变化速率大于表面点，但差异很小，且这种差异随着混凝土面板厚度的减小而减小，主要是因为混凝土面板是一种长条形薄板结构，且厚度随着坝体高程的增大而减小。

4）比热容变化规律

图 4.44～图 4.46 分别为方案 3 混凝土面板底部、中部、顶部特征点施工期比热容变化过程。

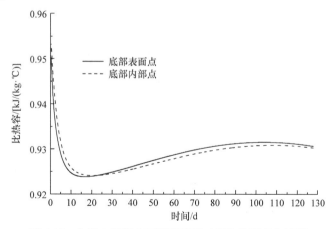

图 4.44　方案 3 混凝土面板底部施工期比热容变化过程

从图 4.44～图 4.46 可以看出，混凝土面板浇筑后，各组特征点比热容先迅速降低，在混凝土面板温度随气温变化的过程中，各特征点又有一个上升阶段。因为本章采用的比热容公式与混凝土面板的实际温度和水化度有关，而表面点相比

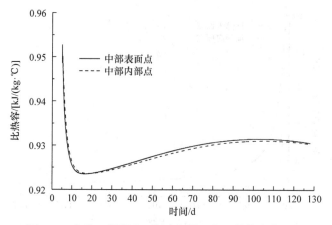

图 4.45　方案 3 混凝土面板中部施工期比热容变化过程

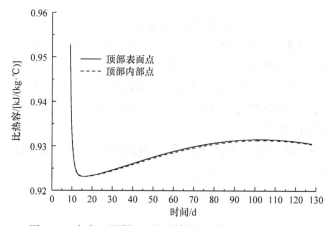

图 4.46　方案 3 混凝土面板顶部施工期比热容变化过程

于内部点温度变化更为显著，所以表面点比热容变化更快，但这种差异会随着混凝土面板厚度的减小而减小。

4.3.7 · 温度应力场结果

本小节仍选取温度场中的 3 组方案特征点进行温度应力计算结果分析。混凝土面板为长条形结构，最大温度应力通常出现在顺坡方向，因此本小节选取各组特征点顺坡向温度应力作为混凝土面板温度应力的分析对象。计算结果以拉应力为正，压应力为负。

1. 方案 1 混凝土面板顺坡向温度应力场结果

图 4.47～图 4.49 分别为方案 1 混凝土面板底部、中部、顶部特征点施工期顺坡向温度应力历时曲线。

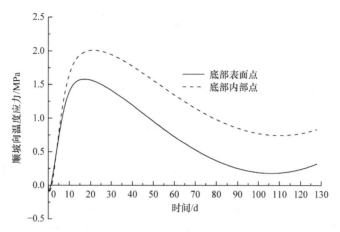

图 4.47　方案 1 混凝土面板底部特征点施工期顺坡向温度应力历时曲线

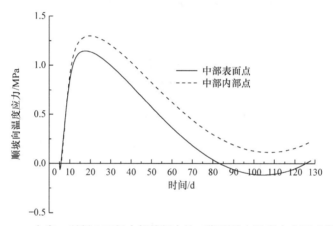

图 4.48　方案 1 混凝土面板中部特征点施工期顺坡向温度应力历时曲线

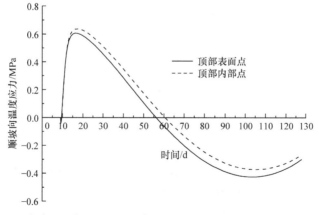

图 4.49　方案 1 混凝土面板顶部特征点施工期顺坡向温度应力历时曲线

由图 4.47～图 4.49 可以看出，在混凝土面板浇筑早期，由于水化热的作用，方案 1 各组特征点温度在短时间内迅速上升，各组特征点产生顺坡向温度压应力，而前期混凝土面板弹性模量较小，产生的顺坡向温度压应力较小，不超过0.10MPa。随着混凝土面板温度降低，各组特征点顺坡向温度应力逐渐发展成拉应力，呈现先增大后减小的规律，并最终随着气温的变化而变化。

由图 4.47 可以看出，方案 1 混凝土面板底部内部点顺坡向温度拉应力最大值为2.01MPa，出现在混凝土面板浇筑后 22.0d；混凝土面板底部表面点顺坡向温度拉应力最大值为 1.58MPa，出现在混凝土面板浇筑后 17.0d。由图 4.48 可以看出，方案 1混凝土面板中部内部点顺坡向温度拉应力最大值为 1.30MPa，出现在混凝土面板浇筑后 20.0d；混凝土面板中部表面点顺坡向温度拉应力最大值为 1.15MPa，出现在混凝土面板浇筑后 17.0d。由图 4.49 可以看出，方案 1 混凝土面板顶部内部点顺坡向温度拉应力最大值为 0.64MPa，出现在混凝土面板浇筑后 17.0d；混凝土面板顶部表面点顺坡向温度拉应力最大值为 0.61MPa，出现在混凝土面板浇筑后 16.0d。综上，方案 1 混凝土面板内部点顺坡向温度拉应力整体大于表面点，且混凝土面板厚度越大，表面点和内部点顺坡向温度拉应力的差值越大，峰值越大，这是因为混凝土面板厚度越大，内外温差就越大，导致温降时产生的顺坡向温度拉应力就越大。

2. 方案 2 混凝土面板顺坡向温度应力场结果

图 4.50～图 4.52 分别为方案 2 混凝土面板底部、中部、顶部特征点施工期的顺坡向温度应力历时曲线。

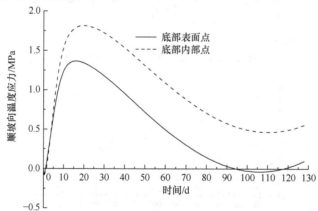

图 4.50　方案 2 混凝土面板底部特征点施工期顺坡向温度应力历时曲线

由图 4.50～图 4.52 可以看出，方案 2 各组特征点顺坡向温度应力发展规律与方案 1 一致。在温升期间以顺坡向温度压应力为主，最大顺坡向温度压应力不超过0.10MPa；随着温度的降低，各组特征点顺坡向温度应力逐渐转为顺坡向温度拉应力，并最终随着气温的变化而变化。

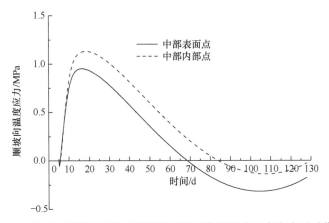

图 4.51 方案 2 混凝土面板中部特征点施工期顺坡向温度应力历时曲线

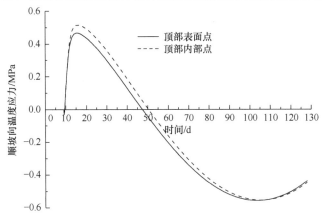

图 4.52 方案 2 混凝土面板顶部特征点施工期顺坡向温度应力历时曲线

由图 4.50 可以看出,方案 2 混凝土面板底部内部点顺坡向温度拉应力最大值为 1.82MPa,出现在混凝土面板浇筑后 21.0d;混凝土面板底部表面点顺坡向温度拉应力最大值为 1.36MPa,出现在混凝土面板浇筑后 17.0d。由图 4.51 可以看出,方案 2 混凝土面板中部内部点顺坡向温度拉应力最大值为 1.13MPa,出现在混凝土面板浇筑后 19.0d;混凝土面板中部表面点顺坡向温度拉应力最大值为 0.95MPa,出现在混凝土面板浇筑后 17.0d。由图 4.52 可以看出,方案 2 混凝土面板顶部内部点顺坡向温度拉应力最大值为 0.52MPa,出现在混凝土面板浇筑后 16.0d;混凝土面板顶部表面点顺坡向温度拉应力最大值为 0.47MPa,出现在混凝土面板浇筑后 15.0d。同样,方案 2 顺坡向温度拉应力最大值、表面点和内部点顺坡向温度拉应力差值均随混凝土面板厚度增大而增大。

3. 方案 3 混凝土面板顺坡向温度应力场结果

图 4.53～图 4.55 分别为方案 3 混凝土面板底部、中部、顶部特征点施工期的

顺坡向温度应力历时曲线。

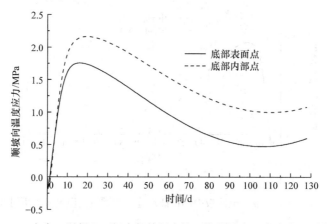

图 4.53　方案 3 混凝土面板底部特征点施工期顺坡向温度应力历时曲线

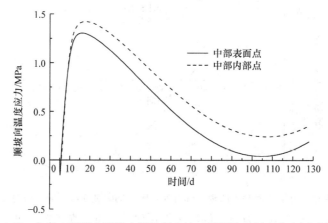

图 4.54　方案 3 混凝土面板中部特征点施工期顺坡向温度应力历时曲线

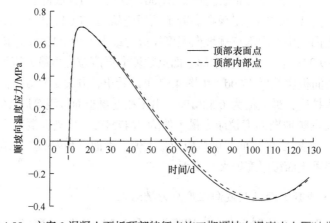

图 4.55　方案 3 混凝土面板顶部特征点施工期顺坡向温度应力历时曲线

由图 4.53~图 4.55 可以看出，方案 3 各组特征点顺坡向温度应力发展规律与方案 1 及方案 2 一致，前期面板顺坡向温度压应力较大，但仍不超过 0.20MPa，最终随气温的变化而变化。

由图 4.53 可以看出，方案 3 混凝土面板底部内部点顺坡向温度拉应力最大值为 2.16MPa，出现在混凝土面板浇筑后 21.0d；混凝土面板底部表面点顺坡向温度拉应力最大值为 1.75MPa，出现在混凝土面板浇筑后 17.0d。由图 4.54 可以看出，方案 3 混凝土面板中部内部点顺坡向温度拉应力最大值为 1.42MPa，出现在混凝土面板浇筑后 20.0d；混凝土面板中部表面点顺坡向温度拉应力最大值为 1.30MPa，出现在混凝土面板浇筑后 17.0d。由图 4.55 可以看出，方案 3 混凝土面板顶部内部点顺坡向温度拉应力最大值为 0.71MPa，出现在混凝土面板浇筑后 16.0d；混凝土面板顶部表面点顺坡向温度拉应力最大值为 0.70MPa，出现在混凝土面板浇筑后 15.0d。与方案 1 及方案 2 一致，方案 3 顺坡向温度拉应力最大值、表面点和内部点顺坡向温度拉应力差值均随混凝土面板厚度增大而增大。

4. 水化度、等效龄期对混凝土面板温度应力场的影响

综上，3 组计算方案混凝土面板顺坡向温度应力历时曲线均符合一般规律，为了进一步分析水化度及等效龄期对混凝土面板顺坡向温度应力场的影响，提取各方案混凝土面板特征点顺坡向温度拉应力峰值，如表 4.11 所示。分别选取各方案混凝土面板表面点及内部点施工期顺坡向温度应力历时曲线进行对比分析，如图 4.56 和图 4.57 所示。

表 4.11　各方案混凝土面板特征点顺坡向温度拉应力峰值　　（单位：MPa）

方案	顺坡向温度拉应力峰值					
	底部表面点	底部内部点	中部表面点	中部内部点	顶部表面点	顶部内部点
方案 1	1.58	2.01	1.15	1.30	0.61	0.64
方案 2	1.36	1.82	0.95	1.13	0.47	0.52
方案 3	1.75	2.16	1.30	1.42	0.70	0.71

从表 4.11、图 4.56 及图 4.57 可以看出，方案 2 顺坡向温度拉应力始终小于方案 1，这是因为方案 2 考虑实际放热情况下的温度变化要低于绝热情况。而方案 3 最大顺坡向温度拉应力比方案 1 高 0.10~0.20MPa，如不考虑等效龄期等因素的影响，会导致计算结果偏低，从而降低工程设计的安全性，进一步验证了引入水化度和等效龄期概念，并考虑热力学参数影响的重要性及必要性。由表 4.11 发现，混凝土面板底部及中部均会产生较大的顺坡向温度拉应力，超过 1.00MPa，有开裂的风险。

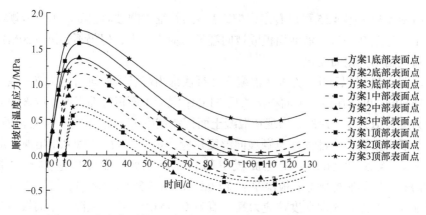

图 4.56　各方案混凝土面板表面点施工期顺坡向温度应力历时曲线

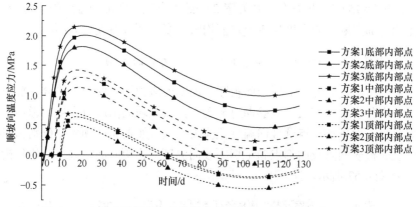

图 4.57　各方案混凝土面板内部点施工期顺坡向温度应力历时曲线

4.4　考虑温度作用的混凝土面板开裂数值仿真

　　由于混凝土面板温度场的变化，面板中部及底部均会产生超过 1MPa 的顺坡向温度拉应力，而混凝土浇筑初期抗拉强度偏低，易导致混凝土面板产生开裂，严重影响其耐久性，从而影响整个堆石坝的安全性。因此，本节将进一步讨论混凝土面板早期温度裂缝的产生与扩展过程。

　　混凝土面板开裂属于连续-非连续问题，不能简单用连续介质模型模拟，这是因为连续介质力学数值方法必须满足位移协调条件，而结构的破坏往往是伴随开裂的产生，结构会从连续阶段进入非连续阶段[29]。扩展有限元法(XFEM)是求解不连续问题的有限元数值方法，它继承了常规有限元法的优点，并基于单位分解理论对常规有限元方法进行了扩展，可模拟界面、裂缝萌生及扩展、流体等复杂的不连续问题，并且由于 XFEM 无须用户提前定义扩展路径和预裂缝，本节在对混凝土面板进行开裂数值模拟时采用较为新颖且实用的 XFEM 模块。

4.4.1　混凝土面板初始微裂缝形成机理

1. 初始微裂缝产生的原因

混凝土面板裂缝分为结构性裂缝和非结构性裂缝两类。结构性裂缝主要是由面板的自重、水压力及坝体变形对面板产生剪切应力和挤压应力的作用而产生。非结构性裂缝主要是混凝土在自身和各种外界因素作用下引起的收缩变形所致，其中混凝土面板的温度应力是主导因素[30]。

混凝土面板初始微裂缝属于非结构性裂缝，一般发生在施工期。在浇筑混凝土面板的过程中，水泥浆会渗漏到垫层表面，随着水泥混凝土的逐渐凝固，垫层对面板的约束也随之形成。混凝土面板的凝结过程实际上是水泥混凝土的弹性模量 E、泊松比 μ 及强度不断增大的过程。从混凝土面板的工作环境看，面板是浇筑在斜坡垫层上的混凝土板，其厚度较小，面积较大，对环境温度的变化敏感，当混凝土面板温度相对于浇筑温度发生变化时，就会产生变形，变形受到垫层及面板内部自身的约束，则会产生应力。此时，若面板内部应力比混凝土早期强度高，必然导致面板表面形成大量微裂缝。这种微裂缝的产生直到混凝土面板的强度大于应力才终止，整个过程发生在混凝土面板凝固初期。

从实际工程的观测结果看，混凝土面板微裂缝的分布规律为：①微裂缝几乎遍布整个面板，大致走向为水平方向；②裂缝宽度较小，大部分在 0.1mm 左右；③微裂缝主要集中在长面板上[31]。图 4.58 为水布垭混凝土面板堆石坝面板微裂缝分布。

图 4.58　水布垭混凝土面板堆石坝面板微裂缝分布

2. 初始微裂缝产生的基本条件

混凝土面板微裂缝产生的基本条件实际上是面板强度与应力之间的关系问题。以 R 表示面板的抗裂能力(即强度),以 P 表示引起面板裂缝的破坏力,若 $R > P$,面板不产生裂缝;若 $R = P$,面板处于产生裂缝的临界状态;若 $R < P$,面板将产生裂缝。

混凝土面板强度 R 计算公式为[31]

$$R = E\varepsilon \tag{4.31}$$

式中,E——弹性模量;

　　　ε——极限拉伸值。

破坏力 P 可简单表示为

$$P = \sigma_i \tag{4.32}$$

式中,σ_i——混凝土面板的温度应力。

在施工期,混凝土面板的应力主要为温度应力。引入一个表征面板抗裂的安全系数 k,那么,混凝土面板不产生裂缝的条件表达式为

$$\frac{E\varepsilon}{k} \geqslant \sigma_i \tag{4.33}$$

3. 微裂缝与混凝土面板温度应力-强度的关系

混凝土面板的温度应力大于强度时,才会出现温度裂缝。因此,面板初始微裂缝的产生,还与凝固过程中水泥混凝土的强度增长过程有关。由于混凝土中水泥胶块的硬化过程需要若干年才能完成,混凝土的强度也随龄期的增长而增大,开始增大得很快,然后逐渐变慢。混凝土面板温度应力及强度随龄期的变化如图 4.59 所示。

由图 4.59 可知,混凝土面板温度应力曲线与强度曲线的交点位置决定了混凝土面板是否会产生温度裂缝。如果两条曲线相交点对应的龄期位于混凝土凝结过程的初期,此时混凝土的弹性模量较小,因此面板能适应较大的变形,裂缝只能扩展至面板一定的深度,而不会贯穿整块面板。而在混凝土凝结过程的中后期,由于混凝土强度的增长速度比面板温度应力的增长速度快,在两条曲线交点对应的龄期之后,混凝土面板的强度大于温度应力,面板的开裂在未受到外界因素(水压力、堆石体的变形、气温骤变等)的作用下,暂时会终止扩展。当两条曲线交点对应的龄期位于混凝土凝结过程的中后期,此时水泥混凝土弹性模量较大,裂缝刺入面板的深度较大,甚至贯穿整块面板。若在混凝土凝结过程中,混凝土面板温度应力的增长速度比强度的增长速度慢,即面板混凝土强度始终大于温度应力,则面板不会产生初始微裂缝。

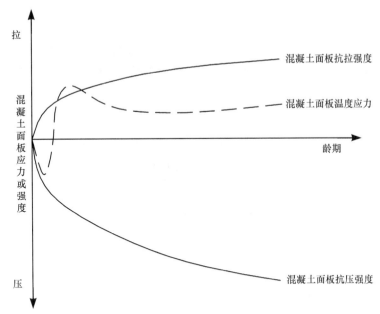

图 4.59　混凝土面板温度应力及强度随龄期的变化

4.4.2　扩展有限元法基本原理

扩展有限元法(XFEM)既继承了传统有限元方法的优点,沿用传统方法的计算特点,又根据裂缝问题进行相应的改进[32,33]。该方法网格的划分与模型尺寸、周围应力环境无关,同时在模拟裂缝扩展过程时也无须多次重剖网格,能有效降低对应力集中区或者变形区进行网格划分的工作量。图 4.60 为单元内任意位置裂缝示意图,图 4.61 为裂缝尖端单元节点加强图。如图 4.60 和图 4.61 所示,裂缝穿过的单元周边节点用空心圆形表示,裂缝尖端所在的单元则用黑色圆点表示,在对裂缝单元进行加强后,单元四周单元相应的加强点也用同样的符号进行表示。

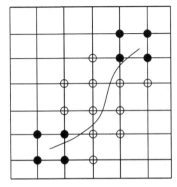

图 4.60　单元内任意位置裂缝示意图[34]

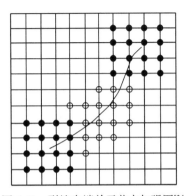

图 4.61　裂缝尖端单元节点加强图[34]

1. 单元分解法

XFEM 基于单元分解的基本思想, 首先定义一组相互交叠的子域覆盖求解域 Ω_l, 并在各子域上定义一组函数 $N_l(x)$, 使其在域内任意一点的函数值和为 1, 如式(4.34)所示。

$$\sum_l N_l(x)=1 \tag{4.34}$$

在 XFEM 中, 求解域上任意函数分为裂缝与裂缝尖端的局部近似函数, 将反映裂缝和裂缝尖端的局部近似位移场函数与相对应的单位分解函数相乘并求和, 即可得到求解域中任意一点的场函数 $\psi(x)$, 如式(4.35)所示。

$$\psi(x) = \sum_l N_l(x)\phi_l(x) \tag{4.35}$$

式中, $N_l(x)$——求解域中的插值形函数;
   $\phi_l(x)$——扩充函数。

2. 扩展有限元法的位移模式

在传统有限元法基础上, 在裂缝影响区域内分别引入裂缝和裂缝尖端的加强函数以对裂缝的不连续性进行描述[35]。图 4.62 所示为 XFEM 裂缝扩展形式示意图, 针对常规单元、贯穿单元和裂缝尖端单元三种单元, 需引入不同的函数以描述三种单元的近似位移场函数[36], XFEM 的位移场为

$$u(x) = \sum_{i\in I} N_i(x)u_i + \sum_{i\in I^*} N_i^*(x)\psi_i(x)a_i \tag{4.36}$$

其中, 等号右边第一项为标准有限元近似, 右边第二项是扩充项近似。
式中, I——所有单元的节点集合;
   $N_i(x)$——标准节点形函数;
   u_i——标准节点自由度;
   I^*——裂缝等不连续单元的节点集合;
   $N_i^*(x)$——扩充项单位分解函数;
   $\psi_i(x)$——扩充函数;
   a_i——加强自由度。
对于裂缝贯穿单元, 其位移场如式(4.37)所示:

$$u(x) = \sum_{i\in N_\Gamma \cap I} N_i(x)[u_i + a_i H(x)] \tag{4.37}$$

其中,

$$H(x) = \begin{cases} 1, & x \geqslant 0 \\ -1, & x < 0 \end{cases} \tag{4.38}$$

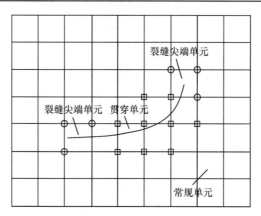

图 4.62　XFEM 裂缝扩展形式示意图[37]

式中，N_Γ——裂缝完全穿过单元的节点集合，在图 4.62 中使用空心方形符号表示；

　　$H(x)$——阶跃函数。

对于各向同性弹性材料的裂缝尖端单元，其位移场如式(4.39)所示：

$$u(x) = \sum_{j \in N_\Lambda \cap I} N_j(x) \left(u_j + \sum_{\alpha=1}^{4} \phi_\alpha b_j^\alpha \right) \tag{4.39}$$

式中，N_Λ——裂缝尖端单元的节点集合，在图 4.62 中用空心圆形符号表示；

　　$\sum_{\alpha=1}^{4} \phi_\alpha b_j^\alpha$——加强项。

　　ϕ_α 的表达式如式(4.40)所示：

$$\{\phi_\alpha(r,\theta)\}_{\alpha=4}^{4} = \left\{ \sqrt{r}\sin\frac{\theta}{2}, \sqrt{r}\cos\frac{\theta}{2}, \sqrt{r}\sin\frac{\theta}{2}\sin\theta, \sqrt{r}\cos\frac{\theta}{2}\sin\theta \right\} \tag{4.40}$$

式中，等号左边 r、θ——裂缝尖端极坐标系中的位置参数；

　　等号右边 r、θ——线弹性断裂力学中裂缝尖端理论解的各项；

　　$\sqrt{r}\sin(\theta/2)$——描述了间断性。

这些形函数在描述裂缝位移不连续性的同时，也能准确定位裂缝的位移场，适用于不同材料的裂缝模拟计算。

3. 水平集法对裂缝的描述

水平集法是将界面与时间维度相结合，以描述界面在考虑时间条件下移动的数值方法，从而给界面的研究增加了一个随时间移动的维度[38]。假设 R^2 里面的一维移动界面 $\Gamma(t) \in R$ [37]，则有

$$\Gamma(t) = \{x \in R^2 : \varphi(x,t) = 0\} \tag{4.41}$$

式中，$\varphi(x,t)$ ——水平集函数。

水平集函数通常用符号距离函数表示，则有

$$\varphi(x,t) = \pm \min_{x_\Gamma \in \Gamma(t)} \|x - x_\Gamma\| \tag{4.42}$$

其中，等号右项公式取正的前提条件是 x 位于裂缝的上方，反之则取负号。

裂缝扩展演化可用 φ 的演化方程得到，如

$$\varphi_t + F\|\nabla\varphi\| = 0 \tag{4.43}$$

当 $\varphi(x,0)$ 已知时，$F(x,t)$ 表示移动界面所在的点沿着法线方向的速度，通过式(4.43)即可描述裂缝的扩展演化过程。

4. 控制方程

图 4.63 为裂缝在外荷载和边界条件下的平衡状态示意图，其中 Ω 为裂缝体包含的整个区域，而裂缝 Γ_c 可以任意方向发生扩展，在边界 Γ_t 处受到一个大小为 f^t 的力，而在边界 Γ_u 处产生了一个 $\bar{u}$ 的位移。

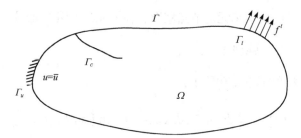

图 4.63　裂缝在外荷载和边界条件下的平衡状态示意图[36]

平衡方程的形式可以写为[36]

$$\nabla\sigma + f^b = 0 \tag{4.44}$$

式中，u ——位移矢量；

$\bar{u}$ ——已知位移；

σ ——应力张量；

n ——垂直于边界的法向向量；

f^b ——裂缝体体力。

边界条件为：位移边界 Γ_u 上有 $u = \bar{u}$；力边界 Γ_t 上有 $\sigma \cdot n = f^t$；内边界 Γ_c 上有 $\sigma \cdot n = 0$。

5. 初始裂缝开裂判定准则

判定材料是否达到开裂和扩展的程度需要用到一些判定准则，目前使用的判断准则大多基于应力和应变强度理论。对于初始裂缝产生及扩展的判定，ABAQUS 支持以下判定准则：①最大主应力法则；②最大主应变法则；③最大名义应力法则；④最大名义应变法则；⑤二次名义应力法则；⑥二次名义应变法则[39]。

1) 最大主应力法则

在最大主应力法则中，开裂判定值 f 如式(4.45)所示：

$$f = \left\{ \frac{\langle \sigma_{\max} \rangle}{\sigma'_{\max}} \right\} \tag{4.45}$$

式中，$\sigma'_{\max}$——最大允许主应力。

当 $\sigma'_{\max} \geqslant 0$ 时，$\langle \sigma_{\max} \rangle < 0$，符号 $\langle \ \rangle$ 表示在公式中只考虑拉应力，单纯的压应力将不会产生初始破坏。

初始裂缝会在开裂判定值 f 达到 1 时产生。

2) 最大主应变法则

在最大主应变法则中，开裂判定值 f 如式(4.46)所示：

$$f = \left\{ \frac{\langle \varepsilon_{\max} \rangle}{\varepsilon'_{\max}} \right\} \tag{4.46}$$

式中，$\varepsilon'_{\max}$——最大允许主应变。

初始裂缝会在开裂判定值 f 达到 1 时产生。

3) 最大名义应力法则

在最大名义应力法则中，开裂判定值 f 如式(4.47)所示：

$$f = \max \left\{ \frac{\langle t_{\mathrm{n}} \rangle}{t'_{\mathrm{n}}}, \frac{\langle t_{\mathrm{s}} \rangle}{t'_{\mathrm{s}}}, \frac{\langle t_{\mathrm{t}} \rangle}{t'_{\mathrm{t}}} \right\} \tag{4.47}$$

式中，t——最大名义拉应力向量；

$\quad$ t_{n}——垂直于裂缝表面的名义应力向量；

$\quad$ t_{s}、t_{t}——分别处于裂缝表面的 2 个剪力部分向量；

$\quad$ t'_{n}、t'_{s}、t'_{t}——名义应力的峰值。

初始裂缝会在最大名义应力比值的最大值 f 达到 1 时产生。

4) 最大名义应变法则

在最大名义应变法则中，开裂判定值 f 如式(4.48)所示：

$$f = \max \left\{ \frac{\langle \varepsilon_{\mathrm{n}} \rangle}{\varepsilon'_{\mathrm{n}}}, \frac{\langle \varepsilon_{\mathrm{s}} \rangle}{\varepsilon'_{\mathrm{s}}}, \frac{\langle \varepsilon_{\mathrm{t}} \rangle}{\varepsilon'_{\mathrm{t}}} \right\} \tag{4.48}$$

初始裂缝会在最大名义应变比值的最大值 f 达到 1 时产生。

5) 二次名义应力法则

在二次名义应力法则中，开裂判定值 f 如式(4.49)所示：

$$f = \left\{\frac{\langle t_{\mathrm{n}} \rangle}{t_{\mathrm{n}}'}\right\}^2 + \left\{\frac{\langle t_{\mathrm{s}} \rangle}{t_{\mathrm{s}}'}\right\}^2 + \left\{\frac{\langle t_{\mathrm{t}} \rangle}{t_{\mathrm{t}}'}\right\}^2 \tag{4.49}$$

初始裂缝会在各方向名义应力比值的平方和 f 达到并超过 1 时产生。

6) 二次名义应变法则

在二次名义应变法则中，开裂判定值 f 如式(4.50)所示：

$$f = \left\{\frac{\langle \varepsilon_{\mathrm{n}} \rangle}{\varepsilon_{\mathrm{n}}'}\right\}^2 + \left\{\frac{\langle \varepsilon_{\mathrm{s}} \rangle}{\varepsilon_{\mathrm{s}}'}\right\}^2 + \left\{\frac{\langle \varepsilon_{\mathrm{t}} \rangle}{\varepsilon_{\mathrm{t}}'}\right\}^2 \tag{4.50}$$

初始裂缝会各个方向名义应变比值的平方和 f 达到并超过 1 时产生。

4.4.3　工程实例分析

1. 计算模型

温度应力是混凝土面板初始裂缝产生的主导因素，因此计算时仅考虑混凝土面板浇筑后温度应力作用，面板混凝土温度场采用 4.3 节考虑等效龄期、水化度的温度场模型，将计算出的温度场作为等效应力施加于面板坝上，进行混凝土面板温度裂缝的计算。

温度场边界条件：坝基底面及 4 个侧面、坝体垂直于 Y 轴方向两侧面为绝热边界，基岩上表面、面板及坝体下游面施加第三类边界条件(固-气边界)，设面板、趾板及垫层之间导热条件良好。

面板温度裂缝计算的边界条件：坝基底面施加固定约束，4 个侧面按简支约束处理，除面板以外的坝体垂直于 Y 轴方向两侧面按简支约束处理，其余按自由边界处理。

为了提高开裂分析精确度，对混凝土面板的网格进行加密处理，网格加密后混凝土面板有限元计算模型如图 4.64 所示。其中，共有 6975 个结点，4608 个单元。

图 4.64　网格加密后混凝土面板有限元计算模型

2. 计算参数

选取最大主应力法则作为裂缝产生的判定准则进行计算，混凝土面板开裂计算材料参数如表 4.12 所示。

表 4.12　混凝土面板开裂计算材料参数

弹性模量/GPa	泊松比	密度/(kg/m³)	断裂能/(N/m)	抗拉强度/MPa
28	0.167	2400	100	1

3. 结果分析

混凝土面板浇筑后，水泥水化热反应产生的内外温差使得面板产生较大拉应力，使面板产生裂缝。图 4.65 为温度应力作用下混凝土面板裂缝平面分布图，可以看出，裂缝主要集中分布于面板底部和中部，大多数为平行于面板宽度方向的水平裂缝，并横跨整个面板。为了进一步了解裂缝的扩展过程，选取面板底部某一裂缝，分析其沿面板厚度方向的扩展过程，如图 4.66～图 4.68 所示。其中，图 4.66 为混凝土面板底部初始裂缝，图 4.67 为混凝土面板底部裂缝扩展过程，图 4.48 为混凝土面板底部裂缝最终形态。

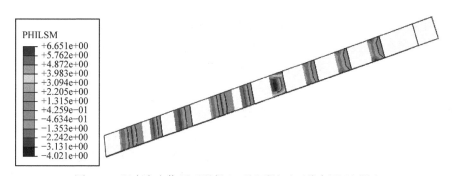

图 4.65　温度应力作用下混凝土面板裂缝平面分布图(见彩图)

PHILSM-描述裂缝面的位移函数，无量纲，裂缝处于 PHILSM 数值为零的位置

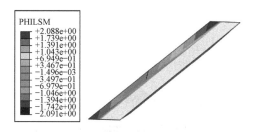

图 4.66　混凝土面板底部初始裂缝(见彩图)

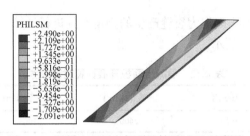

图4.67　混凝土面板底部裂缝扩展过程(见彩图)

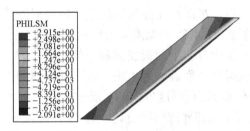

图4.68　混凝土面板底部裂缝最终形态(见彩图)

　　因温度拉应力作用，混凝土面板浇筑后1.0d，便产生了初始裂缝，如图4.66所示。此时，裂缝深度约为面板厚度的26%；之后，裂缝随着温度应力的变化逐渐扩展，混凝土面板浇筑后5.0d，裂缝深度达到面板厚度的约53%，如图4.67所示。最终，裂缝的扩展于浇筑后20.0d左右趋于稳定，裂缝深度到达面板厚度的75%，形成了如图4.68所示的温度裂缝。

　　图4.69为混凝土面板开裂后的最小主应力分布图。从计算结果可知，面板开裂后开裂单元会失效，应力得到释放。图4.70为混凝土面板开裂后的顺坡向位移分布图，通过计算裂缝两端位移的差值，可得到裂缝宽度，此时混凝土面板表面裂缝宽度约为0.34mm。

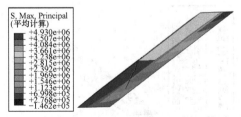

图4.69　混凝土面板开裂后的最小主应力分布图(单位：Pa)(见彩图)

S, Max, Principal-由于ABAQUS中以拉应力为正，在此表示最小主应力

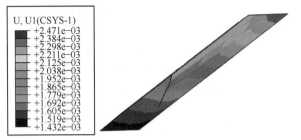

图 4.70　混凝土面板开裂后的顺坡向位移分布图(单位：m)(见彩图)

U, U1(CSYS-1)-自定义坐标轴 1 中 X 轴方向位移

4.5　本 章 小 结

　　本章引入了水化度及等效龄期概念，考虑了温度对热力学参数的影响，基于 ABAQUS 平台，编制了温度场计算子程序及温度应力场计算子程序，并通过对嵌固板温度场及温度应力场的计算对比分析，验证了子程序在混凝土温度场与温度应力场计算中的适用性。

　　基于编制的子程序对某混凝土面板堆石坝进行了温度场、温度应力场数值模拟，对比分析了传统方法模型、仅引入水化度概念的模型以及同时引入水化度和等效龄期概念的模型三种工况下混凝土面板的温度场及温度应力发展规律。结果表明，混凝土面板浇筑早期因水化反应作用，各点温度急剧上升。各组特征点内部点最大温升及温升时长均大于表面点，且最大温升与温升时长随着面板厚度的减小而减小。当达到最高温度后，由于面板厚度较小，散热面积较大，混凝土面板温度逐渐下降，最终随气温变化而变化。各组特征点内部点最大温降及温降时长均大于表面点，且最大温降与温降时长随着面板厚度减小而减小。同时，仅引入水化度概念的模型相比于传统方法模型，对温度场及温度应力场的模拟普遍偏低。进一步引入等效龄期概念，可更准确预测分析混凝土面板的温度场及温度应力场。因此，同时考虑水化度及等效龄期的影响，并考虑热力学参数随温度的变化更为科学合理。

　　混凝土面板中部及底部均产生了超过 1MPa 的顺坡向拉应力，易导致混凝土面板发生开裂，严重影响混凝土面板的防渗性，从而威胁堆石坝运行的安全性。因此，本章基于扩展有限元法(XFEM)进一步研究了混凝土面板早期温度裂缝的产生与扩展过程。结果表明，面板混凝土浇筑早期，由于抗拉强度偏低，在底部及中部极易产生水平裂缝，严重影响混凝土面板的耐久性，从而直接威胁工程的安全。因此，在混凝土面板浇筑早期，需做好相应的温控措施。

参 考 文 献

[1] 蒋国澄. 中国混凝土面板堆石坝 20 年[M]. 北京: 中国水利水电出版社, 2005.

[2] 麻媛. 堆石坝混凝土面板裂缝成因及防裂措施[J]. 建材技术与应用, 2007(4): 36-38.

[3] 麦家煊, 孙立勋. 西北口堆石坝面板裂缝成因的研究[J]. 水利水电技术, 1999, 30(5): 32-34.

[4] 孙役, 燕乔, 王云清. 面板堆石坝面板开裂机理探讨与防止措施研究[J]. 水力发电, 2004, 30(2): 142-146.

[5] 王子健, 刘斯宏, 李玲君, 等. 公伯峡面板堆石坝面板裂缝成因数值分析[J]. 水利学报, 2014, 45(3): 343-350.

[6] 张国新, 彭静. 考虑摩擦约束时面板温度应力的有限元分析[J]. 水利学报, 2001(11): 75-79.

[7] 张国新, 张丙印, 王光纶. 混凝土面板堆石坝温度应力研究[J]. 水利水电技术, 2001, 32(7): 1-5, 62.

[8] 王瑞骏, 王党在, 陈尧隆. 寒潮冷击作用下堆石坝混凝土面板温度应力研究[J]. 水力发电学报, 2004, 23(6): 45-49.

[9] 王瑞骏, 李炎隆, 焦丽芳, 等. 气温骤降条件下混凝土面板温度应力及其保护措施研究[J]. 西北农林科技大学学报(自然科学版), 2007, 35(7): 213-218.

[10] 程嵩, 张嘎, 张建民, 等. 有挤压墙面板堆石坝的面板温度应力分析及改善措施研究[J]. 工程力学, 2011, 28(4): 76-81.

[11] ZHENG D J, CHENG L, XU Y X. Evaluate the impact of cold wave on face slab cracking using fuzzy finite element method[J]. Mathematical Problems in Engineering, 2013, 2013: 820267.

[12] WANG Z J, LIU S H, VALLEJO L, et al. Numerical analysis of the causes of face slab cracks in Gongboxia rockfill dam[J]. Engineering Geology, 2014, 181(5): 224-232.

[13] LI Y L, LI S Y, YANG Y, et al. Temperature stress and surface insulation measures of concrete face slabs during cold wave period[J]. International Journal of Civil Engineering, 2015, 13(4): 501-507.

[14] 吴伟河. 等效龄期方法在混凝土早期温度裂缝控制中的运用[D]. 杭州: 浙江大学, 2006.

[15] 朱伯芳. 混凝土热学力学性能随龄期变化的组合指数公式[J]. 水利学报, 2011, 42(1): 1-7.

[16] SCHUTTER G D. Finite element simulation of thermal cracking in massive hardening concrete elements using degree of hydration based material laws[J]. Computers and Structures, 2002, 80(27-30): 2035-2042.

[17] 王宁. 考虑性态变化的早期混凝土多场耦合分析及其应用[D]. 天津: 天津大学, 2014.

[18] AZENHA M, RUI F, FERREIRA D. Identification of early-age concrete temperatures and strains: Monitoring and numerical simulation[J]. Cement and Concrete Composites, 2009, 31(6): 369-378.

[19] LEE Y, KIM J K. Numerical analysis of the early age behavior of concrete structures with a hydration based microplane model[J]. Computers and Structures, 2009, 87(17): 1085-1101.

[20] HANSEN P F, PEDERSEN E J. Maturity computer for controlled curing and hardening of concrete[J]. Nordisk Betong, 1977, 1(19): 21-25.

[21] 崔溦, 陈王, 王宁. 考虑性态变化的早期混凝土热湿力耦合分析及其应用[J]. 土木工程学报, 2015, 48(2): 44-53.

[22] 崔溦, 吴甲一, 宋慧芳. 考虑水化度对热学参数影响的早期混凝土温度场分析[J]. 东南大学学报(自然科学版), 2015, 45(4): 792-798.

[23] SCHINDLER A K. Concrete hydration, temperature development, and setting at early-ages[D]. Austin: University of Texas at Austin, 2002.

[24] VAN BREUGEL K. Simulation of hydration and formation of structure in hardening cement-based materials[D]. Delft: Delft University of Technology, 1991.

[25] 王甲春, 阎培渝. 早龄期混凝土结构的温度应力分析[J]. 东南大学学报(自然科学版), 2005, 35(S1): 15-18.

[26] 朱伯芳. 大体积混凝土温度应力与温度控制[M]. 北京: 中国水利水电出版社, 2012.

[27] 李炎隆. 混凝土面板堆石坝面板开裂机理及效应研究[D]. 西安: 西安理工大学, 2011.

[28] 王全胜. 公伯峡水电站工程混凝土配比试验研究[J]. 青海大学学报(自然科学版), 2012, 30(4): 15-20.

[29] 张楚汉. 论岩石、混凝土离散-接触-断裂分析[J]. 岩石力学与工程学报, 2008, 27(2): 217-235.

[30] 王难烂, 张光颖, 顾伯达. 混凝土拱坝浇筑温度场的有限元仿真分析[J]. 武汉理工大学学报, 2001, 23(11):60-62.

[31] 罗先启, 葛修润. 混凝土面板堆石坝应力应变分析方法研究[M]. 北京: 中国水利水电出版社, 2007.

[32] XIA X Z, ZHANG Q, WANG H, et al. The numerical simulation of interface crack propagation without re-meshing[J]. Science China Technological Sciences, 2011, 54(7): 1923-1929.

[33] 陈白斌, 李建波, 林皋. 无需裂尖增强函数的扩展比例边界有限元法[J]. 水利学报, 2015, 46(4): 489-496, 504.

[34] 谢海. 扩展有限元法的研究[D]. 上海: 上海交通大学, 2009.

[35] 董玉文, 余天堂, 任青文. 直接计算应力强度因子的扩展有限元法[J]. 计算力学学报, 2008, 25(1): 72-77.

[36] 战楠. 改进扩展有限元法及其在多孔生物陶瓷中的应用研究[D]. 天津: 天津大学, 2013.

[37] 严明星. 基于扩展有限元法的沥青混合料开裂特性研究[D]. 大连: 大连海事大学, 2012.

[38] OSHER S, SETHIAN J A. Fronts propagating with curvature-dependent speed: Algorithms based on Hamilton-Jacobi formulation[J]. Journal of Computational Physics, 1988, 79(1): 12-49.

[39] 徐世烺. 混凝土断裂力学[M]. 北京: 科学出版社, 2011.

第5章 水压力作用下混凝土面板裂缝扩展特性

5.1 引　　言

混凝土面板堆石坝受到环境和荷载等众多因素的影响，导致混凝土面板表面及内部出现大小不同、形态不一的结构性裂缝和非结构性裂缝。水压力是引起混凝土面板结构性裂缝的关键影响因素，大坝蓄水后，若混凝土面板表面存在微小初始裂缝，上游库水将会进入微裂缝。库水进入裂缝后面板内部承受较大的静水压力，当裂缝承受的静水压力超过裂缝开裂强度时，在静水压力及外界荷载共同作用下，混凝土面板将产生水力劈裂。混凝土面板水力劈裂形式如图5.1所示。若裂缝持续发展并形成贯穿的渗流通道，就会导致大坝无法正常工作，甚至造成溃坝事故。因此，研究混凝土裂缝扩展分析方法，对揭示水压力作用下混凝土面板裂缝扩展机理至关重要。

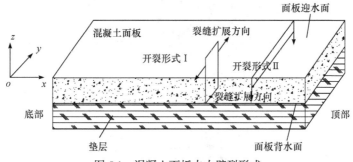

图 5.1　混凝土面板水力劈裂形式

本章基于线弹性断裂力学原理，以应力强度因子K_I反映裂缝尖端应力场的应力大小，在论证不同拉应力、裂缝深度、计算方法和网格密度对面板裂缝尖端K_I影响的基础上，提出基于扩展有限元法的混凝土面板裂缝数值模拟方法。在此基础上，通过数值计算研究水压力作用下裂缝在混凝土面板迎水面及厚度方向的扩展过程。最后，通过室内试验研究含不同初始裂缝的水工混凝土在不同静水压力下的轴压力学性能和破坏形态，揭示初始裂缝的扩展规律和过程，进一步阐述水工混凝土的破坏机理。

5.2　混凝土面板裂缝尖端应力强度因子变化规律

5.2.1　混凝土断裂力学基本原理

英国物理学家 Griffith 在研究玻璃时发现，内部有裂缝或者缺陷的物体在外力作用下会发生应力集中，当应力超过物体材料本身强度时裂缝会发生扩展。为进一步研究裂缝扩展，Griffith[1]提出了断裂力学理论。1957 年，Irwin 等引入了应力强度因子和能量释放率两个特征值，为线弹性断裂力学建立了理论基础[2-4]。断裂力学是研究裂缝的力学，主要涵盖裂缝从出现到扩展再到失效的整个过程。如图 5.2 弹塑性区分界线示意图所示，将裂缝尖端划分为两个区域，一个是半径为 R 的非弹性区域，非弹性区外是半径为 D 的弹性区，裂缝尖端在非弹性区中发生启裂和扩展，并通过 R/D 判断是否适用于线弹性理论。当弹性区远大于非弹性区时，为简化计算，则可采用线弹性断裂力学进行分析[5]。

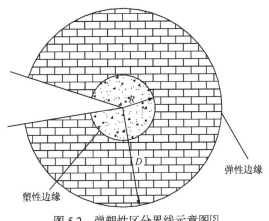

图 5.2　弹塑性区分界线示意图[5]

1. 裂缝尖端的应力场和位移场

如图 5.3 所示，根据作用力的不同，将裂缝分为张开型、剪切型和撕开型三种。这三种类型裂缝的任意组合称为复合型裂缝，通常认为张开型裂缝是最危险的裂缝扩展形式。因此，实际工程中常将复合型裂缝简化为张开型裂缝进行模拟处理[6]。

1) Ⅰ型：张开型裂缝

图 5.4 为张开型裂缝示意图。如图所示，无限平板中间有一条长 $2a$ 的裂缝，且平板四周受到均匀拉应力 σ 的作用。

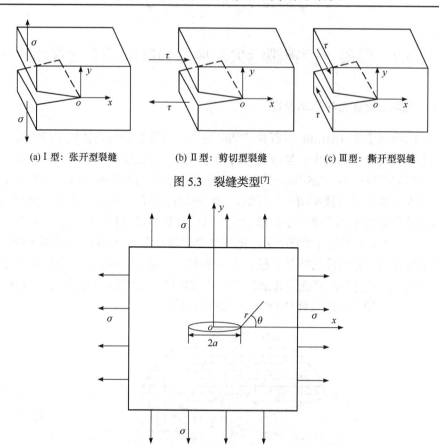

(a) I 型：张开型裂缝　　　(b) II 型：剪切型裂缝　　　(c) III 型：撕开型裂缝

图 5.3　裂缝类型[7]

图 5.4　张开型裂缝示意图[7]

裂缝尖端渐近应力分量为

$$\begin{pmatrix} \sigma_x \\ \sigma_y \\ \sigma_{xy} \end{pmatrix} = \frac{K_I}{\sqrt{2\pi r}} \cos \begin{pmatrix} 1 - \sin\dfrac{\theta}{2}\sin\dfrac{3\theta}{2} \\ 1 + \sin\dfrac{\theta}{2}\sin\dfrac{3\theta}{2} \\ \sin\dfrac{\theta}{2}\cos\dfrac{3\theta}{2} \end{pmatrix} \tag{5.1}$$

位移分量为

$$\begin{pmatrix} u \\ v \end{pmatrix} = \frac{K_I}{4G}\sqrt{\frac{r}{2\pi}} \begin{pmatrix} (2\chi-1)\cos\dfrac{\theta}{2} - \cos\dfrac{3\theta}{2} \\ (2\chi-1)\sin\dfrac{\theta}{2} - \sin\dfrac{3\theta}{2} \end{pmatrix} \tag{5.2}$$

其中，

$$\chi = \begin{cases} (3-\mu)/(1+\mu) & \text{(平面应力)} \\ 3-4\mu & \text{(平面应变)} \end{cases} \tag{5.3}$$

式中，G——剪切弹性模量；

　　　r、θ——以裂缝尖端为原点的距离和角度；

　　　μ——泊松比；

　　　K_{I}——I 型裂缝应力强度因子，$K_{\mathrm{I}} = \sigma\sqrt{\pi a}$；

　　　σ——远场拉应力强度。

2) II 型：剪切型裂缝

图 5.5 为剪切型裂缝示意图，平板的四周受剪应力 τ 的作用。

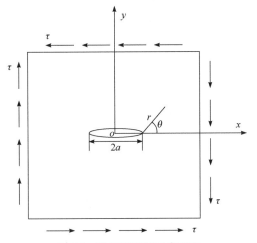

图 5.5　剪切型裂缝示意图[7]

裂缝尖端渐近应力分量为

$$\begin{pmatrix} \sigma_x \\ \sigma_y \\ \tau_{xy} \end{pmatrix} = \frac{K_{\mathrm{II}}}{\sqrt{2\pi r}} \begin{pmatrix} -\sin\dfrac{\theta}{2}\left(2+\cos\dfrac{\theta}{2}\cos\dfrac{3\theta}{2}\right) \\ \sin\dfrac{\theta}{2}\cos\dfrac{\theta}{2}\cos\dfrac{3\theta}{2} \\ \cos\dfrac{\theta}{2}\left(1-\sin\dfrac{\theta}{2}\sin\dfrac{3\theta}{2}\right) \end{pmatrix} \tag{5.4}$$

位移分量为

$$\begin{pmatrix} u \\ v \end{pmatrix} = \frac{K_{\mathrm{II}}}{4G}\sqrt{\frac{r}{2\pi}} \begin{pmatrix} (2\chi+3)\sin\dfrac{\theta}{2} + \sin\dfrac{3\theta}{2} \\ -\left[(2\chi+3)\cos\dfrac{\theta}{2} + \cos\dfrac{3\theta}{2}\right] \end{pmatrix} \tag{5.5}$$

式中，K_{II}——II 型裂缝应力强度因子，$K_{\text{II}} = \tau\sqrt{\pi a}$ ；

　　　　τ——远场剪应力。

　3) III 型：撕开型裂缝

　图 5.6 为撕开型裂缝示意图，平板受垂直 oxy 平面的剪应力 τ_0 的作用。

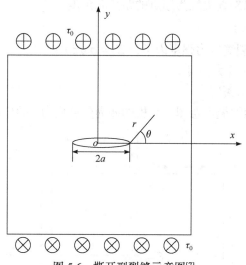

图 5.6　撕开型裂缝示意图[7]

裂缝尖端渐近应力分量为

$$\begin{pmatrix} \tau_{xz} \\ \tau_{yz} \end{pmatrix} = \frac{K_{\text{III}}}{\sqrt{2\pi r}} \begin{pmatrix} -\sin\dfrac{\theta}{2} \\ \cos\dfrac{\theta}{2} \end{pmatrix} \tag{5.6}$$

位移分量为

$$W = \frac{2K_{\text{III}}}{G}\sqrt{\frac{r}{2\pi}\sin\frac{\theta}{2}} \tag{5.7}$$

式中，K_{III}——III 型裂缝应力强度因子，$K_{\text{III}} = \tau_0\sqrt{\pi a}$ ；

　　　　τ_0——远场剪应力。

　2. 应力强度因子和断裂判据

　　由于裂缝尖端存在奇异性，模型网格划分的疏密程度会严重影响裂缝尖端积分点值的大小。当网格逐渐变小时，裂缝尖端应力会趋于无穷大，此时若按照传统的强度理论建立基于应力的强度准则是没有意义的。因此，针对上述问题提出了应力强度因子 K 的概念，它不仅可以反映裂缝尖端的奇异性，还对研究其他参数具有参考价值。求解时，应考虑裂缝尖端应力场的大小。

图 5.7 为张开型裂缝尖端应力场示意图。如图 5.7 所示，取一距离裂缝较近，位于极坐标$(r，\theta)$的平面应力单元，并记裂缝尖端应力场为

$$\sigma_{ij} = \frac{K}{\sqrt{2\pi r}} f_{ij}(\theta) \tag{5.8}$$

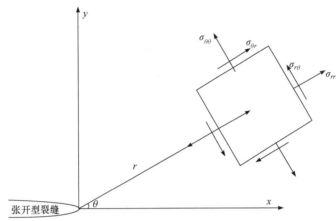

图 5.7　张开型裂缝尖端应力场示意图[8]

如图 5.7 所示，当 r 趋于 0 时，应力分量趋于无穷大，主要是裂缝尖端在几何上的不连续性造成的。同时从式(5.8)可以看出，当函数 $f_{ij}(\theta)$ 为一固定值时，K 与 σ_{ij} 成正比。当研究对象为线弹性材料时，则可采用应力强度因子来描述更多的参数，如裂缝尖端处的位移、应变能密度等。

综上，根据应力场强度定义三种裂缝模式的应力强度因子 K_{I}、K_{II}、K_{III} 分别如式(5.9)~式(5.11)所示：

$$K_{\text{I}} = \lim_{r \to 0} \sqrt{2\pi r}\, \sigma_y(r,0) \tag{5.9}$$

$$K_{\text{II}} = \lim_{r \to 0} \sqrt{2\pi r}\, \tau_{xy}(r,0) \tag{5.10}$$

$$K_{\text{III}} = \lim_{r \to 0} \sqrt{2\pi r}\, \tau_{yz}(r,0) \tag{5.11}$$

鉴于裂缝尖端存在奇异性，沿用材料应力参数作为裂缝扩展的判定参数已不能准确反映裂缝结构的实际承载能力。Irwin[2]验证了应力强度因子 K 与描述驱动裂缝扩展能力的力学参数——能量释放率有关，因此借鉴 Griffith-Irwin 能量平衡方法，可采用临界应力强度因子 K_{c} 作为裂缝的断裂判据。以 I 型裂缝为例，当裂缝尖端区域应力强度因子达到材料的临界应力强度因子时，则裂缝将发生失稳扩展，如式(5.12)所示：

$$\begin{cases} K_{\text{I}} > K_{\text{I\,c}}, & \text{裂缝失稳扩展} \\ K_{\text{I}} \leqslant K_{\text{I\,c}}, & \text{裂缝稳定扩展} \end{cases} \tag{5.12}$$

式中，K_{Ic}——Ⅰ型裂缝的临界应力强度因子，通过试验确定。

Ⅱ型裂缝和Ⅲ型裂缝的断裂判据参考Ⅰ型裂缝。

5.2.2 裂缝尖端应力强度因子计算方法

当研究对象几何形状简单时，可选用解析法求解裂缝尖端的应力强度因子，应力强度因子手册中已总结了很多求解裂缝模型应力强度因子的经验公式[9,10]。

一旦裂缝受力情况和裂缝位置复杂或裂缝形状不规则时，则需要采用有限元法对应力强度因子进行求解[11]。有限元法的优点在于对复杂裂缝的位置、形状和受力无特殊要求，且单元布置灵活，它将研究对象离散成多个有限元单元并进行单独求解，同时各独立单元再由其周围的单元和节点相互联系。由于单元之间的作用力相互平衡，作用力产生的位移同样也采用平衡方程组进行求解，进而得到应力分量和应力强度因子。

1. 理论解

图 5.8 为应力强度因子 K_I 理论解示意图。图 5.8(a)所示无限长板厚度为 b，板上有一深度为 a 的单边裂缝，并受单向均匀拉应力 σ 作用。图 5.8(b)为 F 曲线示意图。

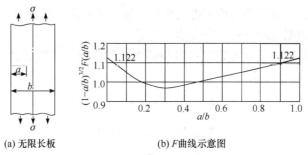

(a) 无限长板   (b) F曲线示意图

图 5.8   应力强度因子 K_I 理论解示意图[9]

当 $a/b<0.6$ 时，应力强度因子的解析式为

$$K_I = F\sigma\sqrt{a\pi} \tag{5.13}$$

其中，F 可由经验公式或 F 曲线求得，经验公式如下：

$$F = 1.12 - 0.231\left(\frac{a}{b}\right) + 10.55\left(\frac{a}{b}\right)^2 - 21.72\left(\frac{a}{b}\right)^3 + 30.39\left(\frac{a}{b}\right)^4 \tag{5.14}$$

2. 扩展有限元法

在线弹性断裂力学理论中，J 积分等与路径无关的积分形式能更加合理地描述微裂缝形成和扩展引起的系统总能量变化[12]。对于复合型裂缝，J 积分与相应的应力强度因子存在如下关系：

$$J = \frac{K_{\mathrm{I}}^2}{E^*} + \frac{K_{\mathrm{II}}^2}{E^*} \tag{5.15}$$

其中，E^* 与弹性模量 E 和泊松比 μ 的关系为

$$E^* = \begin{cases} E & \text{(平面应力)} \\ \dfrac{E}{1-\mu^2} & \text{(平面应变)} \end{cases} \tag{5.16}$$

考虑两种应力状态，状态 1：$(\sigma_{ij}^{(1)}, \varepsilon_{ij}^{(1)}, u_i^{(1)})$ 为真实状态；状态 2：$(\sigma_{ij}^{(2)}, \varepsilon_{ij}^{(2)}, u_i^{(2)})$ 为辅助状态。以状态 2 为渐近场，则两种状态和的 J 积分表示为

$$J^{(1+2)} = \int_{\Gamma} \left[\frac{1}{2}(\sigma_{ij}^{(1)} + \sigma_{ij}^{(2)})(\varepsilon_{ij}^{(1)} + \varepsilon_{ij}^{(2)})\sigma_{1j} - (\sigma_{ij}^{(1)} + \sigma_{ij}^{(2)})\frac{\delta(u_i^{(1)} + u_i^{(2)})}{\partial x_1} \right] n_j \mathrm{d}\Gamma \tag{5.17}$$

式中，Γ——包围裂缝尖端区域的闭合积分路径；

　　　u_i——位移矢量；

　　　n_j——作用在积分路径上的外应力矢量。

整理式(5.17)可得

$$J^{(1+2)} = J^{(1)} + J^{(2)} + M^{(1,2)} \tag{5.18}$$

其中，$M^{(1,2)}$ 为状态 1、2 的相互作用积分，表示为

$$M^{(1,2)} = \int \left[W^{(1,2)}\sigma - \sigma\frac{\partial u}{\partial x} - \sigma\frac{\partial u}{\partial x} \right] n \mathrm{d}\Gamma \tag{5.19}$$

其中，

$$W^{(1,2)} = \sigma_{ij}^{(1)}\varepsilon_{ij}^{(2)} = \sigma_{ij}^{(2)}\varepsilon_{ij}^{(1)} \tag{5.20}$$

则式(5.18)可以写为

$$J^{(1+2)} = J^{(1)} + J^{(2)} + \frac{2}{E^*}\left(K_{\mathrm{I}}^{(1)}K_{\mathrm{I}}^{(2)} + K_{\mathrm{II}}^{(1)}K_{\mathrm{II}}^{(2)} \right) \tag{5.21}$$

令 $K_{\mathrm{I}}^{(2)} = 1$，$K_{\mathrm{II}}^{(2)} = 0$，可得到状态 1 的 I 型裂缝应力强度因子 $K_{\mathrm{I}}^{(1)}$ 为

$$K_{\mathrm{I}}^{(1)} = \frac{2}{E^*} M^{(1,\mathrm{Mode\ I})} \tag{5.22}$$

同理，令 $K_{\mathrm{I}}^{(2)} = 0$，$K_{\mathrm{II}}^{(2)} = 1$，可得到状态 1 的 II 型裂缝应力强度因子 $K_{\mathrm{II}}^{(1)}$ 为

$$K_{\mathrm{II}}^{(1)} = \frac{2}{E^*} M^{(1,\mathrm{Mode\ II})} \tag{5.23}$$

3. 围线积分法

当不计体力时，基于 Betti 功互等定理，针对均匀各向同性弹性体的界面裂缝问题存在如下关系式：

$$\int_{\Gamma} (u_i \hat{t}_i - \hat{u}_i t_i) \mathrm{d}s = 0 \tag{5.24}$$

式中，Γ ——包围裂缝尖端区域的闭合积分路径；

$\quad\quad u_i$、t_i ——真实平衡状态下边界 Γ 上的位移和作用力；

$\quad\quad \hat{u}_i$、$\hat{t}_i$ ——辅助平衡状态下边界 Γ 上的位移和作用力。

对含裂缝的物体，可将以裂缝尖端为圆心，δ 为半径所形成的圆形区域去掉，如图 5.9 积分围线示意图所示，有闭合曲线 $\Gamma = \Gamma_\delta + \Gamma_\delta' + \Gamma_1 + \Gamma_2$。

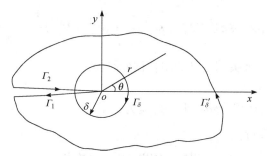

图 5.9　积分围线示意图[13]

假设裂缝面自由且不受力作用，则式(5.24)可写为

$$-\int_{\Gamma_\delta} (u_i \hat{t}_i - \hat{u}_i t_i) \mathrm{d}s = \int_{\Gamma_\delta'} (u_i \hat{t}_i - \hat{u}_i t_i) \mathrm{d}s \tag{5.25}$$

简记为

$$-\int_{\Gamma_\delta} T \mathrm{d}s = \int_{\Gamma_\delta'} T \mathrm{d}s \tag{5.26}$$

根据文献[14]，经过一系列复杂的推导，有

$$-\int_{\Gamma_\delta} T \mathrm{d}s = \frac{\chi+1}{2G}(K_\mathrm{I} C_\mathrm{I} + K_\mathrm{II} C_\mathrm{II}) \tag{5.27}$$

其中，

$$\chi = \begin{cases} (3-\mu)/(1+\mu) & \text{（平面应力）} \\ 3-4\mu & \text{（平面应变）} \end{cases} \tag{5.28}$$

式中，G ——剪切弹性模量；

μ——泊松比。

计算时使围线 $\varGamma'_\delta$ 穿过单元的高斯积分点，则通过逐点累加得到的积分结果应为 C_{I} 和 C_{II} 的线性组合。令 C_{I} 和 C_{II} 前面的系数为 m_1 和 m_2，利用式(5.27)，可将式(5.25)改写为

$$\frac{\chi+1}{2G}(K_{\mathrm{I}}C_{\mathrm{I}}+K_{\mathrm{II}}C_{\mathrm{II}})=m_1 C_{\mathrm{I}}+m_2 C_{\mathrm{II}} \tag{5.29}$$

因此，只需比较 C_{I} 和 C_{II} 的系数 m_1 和 m_2，即可得复合型裂缝的应力强度因子 K_{I} 和 K_{II}。

5.2.3　裂缝尖端应力强度因子变化规律

1. 不同拉应力下裂缝尖端应力强度因子对比分析

图 5.10 所示为含初始裂缝混凝土平板单向受拉有限元计算模型，图中平板的尺寸为 5.7m×2.0m×0.5m($L×B×T$)，平板中部初始裂缝深度为 a，混凝土平板底部设置固定约束，顶部承受拉应力 σ 的拉伸作用。

图 5.10　含初始裂缝混凝土平板单向受拉有限元计算模型

采用 XFEM 分别计算不同拉应力 σ、不同裂缝比值(a/T)下裂缝尖端的应力强度因子 K_{I}，从而探究 K_{I} 随 σ 及 a/T 的变化规律。含初始裂缝混凝土面板材料参数如表 5.1 所示。

表 5.1　含初始裂缝混凝土面板材料参数[14]

密度 ρ/(kg/m³)	弹性模量 E/MPa	泊松比 μ	抗压强度 f_c/MPa	抗拉强度 f_t/MPa
2450	28000	0.2	40	3

不同拉应力 σ 及裂缝比值 a/T 下裂缝尖端应力强度因子见表 5.2。同时，绘制不同拉应力下裂缝尖端应力强度因子随裂缝比值变化趋势图(图 5.11)。

表 5.2　不同拉应力σ及裂缝比值(a/T)下裂缝尖端应力强度因子 K_{I}

σ/MPa	a/T	K_{I}/(MPa·m$^{1/2}$)
	0.100	0.397083
	0.125	0.469131
0.5	0.150	0.634767
	0.175	0.683510
	0.200	0.926017

σ/MPa	a/T	$K_{\mathrm{I}}/(\mathrm{MPa} \cdot \mathrm{m}^{1/2})$
1.0	0.100	0.794165
	0.125	0.938261
	0.150	1.269535
	0.175	1.367016
	0.200	1.852033
1.5	0.100	1.191243
	0.125	1.407396
	0.150	1.904299
	0.175	2.050524
	0.200	2.778055
2.0	0.100	1.588325
	0.125	1.876520
	0.150	2.539069
	0.175	2.734043
	0.200	3.704067
2.5	0.100	1.985413
	0.125	2.345657
	0.150	3.173834
	0.175	3.417555
	0.200	4.630087

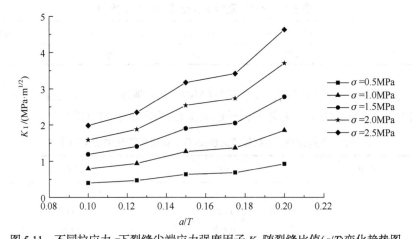

图 5.11　不同拉应力 σ 下裂缝尖端应力强度因子 K_{I} 随裂缝比值(a/T)变化趋势图

由表 5.1 及图 5.11 可以看出，在拉应力一定时，裂缝尖端应力强度因子 K_{I} 会随着裂缝比值(a/T)的增长而增长。当 a/T 一定时，K_I 会随 σ 同比例增长，且 a/T 越大，K_I 增长幅度越大，符合张开型裂缝尖端 K_I 的基本规律。

2. 不同裂缝尖端应力强度因子计算方法对比分析

基于图 5.10 所示含初始裂缝混凝土平板单向受拉有限元计算模型，采用 XFEM、围线积分法和解析法三种计算方法，分别对不同裂缝比值下混凝土平板裂缝尖端应力强度因子 K_I 进行计算。由于本节的研究对象是裂缝静止状态下裂缝尖端的应力强度因子，作用的拉应力 σ 需小于混凝土抗拉强度，才能保证裂缝不发生扩展，故拉应力 σ 取 0.5MPa。

根据应力强度因子理论解析法，当 $a/T<0.6$ 时，应力强度因子为

$$K_I = F\sigma\sqrt{a\pi} \tag{5.30}$$

其中，

$$F = 1.12 - 0.231\left(\frac{a}{T}\right) + 10.55\left(\frac{a}{T}\right)^2 - 21.72\left(\frac{a}{T}\right)^3 + 30.39\left(\frac{a}{T}\right)^4 \tag{5.31}$$

式中，F ——常数；

K_I ——张开型裂缝应力强度因子。

不同裂缝比值下三种裂缝尖端应力强度因子计算方法结果及相对误差见表 5.3。同时，为了更加直观地对比分析三种计算方法对应裂缝尖端应力强度因子，绘制如图 5.12 所示的三种计算方法对应裂缝尖端应力强度因子对比图。

表 5.3　不同裂缝比值下三种裂缝尖端应力强度因子计算方法结果及相对误差

σ/MPa	a/T	解析法 K_{IA} / (MPa·m$^{1/2}$)	XFEM K_{IB} / (MPa·m$^{1/2}$)	围线积分法 K_{IC} / (MPa·m$^{1/2}$)	相对误差/%	
					$\left\|\dfrac{K_{IB}-K_{IA}}{K_{IA}}\right\|$	$\left\|\dfrac{K_{IC}-K_{IA}}{K_{IA}}\right\|$
0.5	0.15	0.3070	0.3156	0.2757	2.82	10.19
0.5	0.20	0.3841	0.3814	0.2926	0.70	2.89
0.5	0.25	0.4703	0.4633	0.4357	1.49	7.36
0.5	0.30	0.5697	0.6045	0.6124	6.10	7.48
0.5	0.35	0.6882	0.6835	0.7105	0.68	3.24
0.5	0.40	0.8337	0.8941	0.8995	7.25	7.89
0.5	0.45	1.0170	1.0686	1.1285	5.07	6.24
0.5	0.50	1.2524	1.3064	1.4751	4.31	5.01
0.5	0.55	1.5576	1.6624	1.6987	6.73	9.06
0.5	0.60	1.9545	1.9814	1.9896	1.38	2.26
0.5	0.65	2.4691	2.5887	2.7361	4.84	10.81
0.5	0.70	3.1324	3.3614	3.5565	7.31	13.54

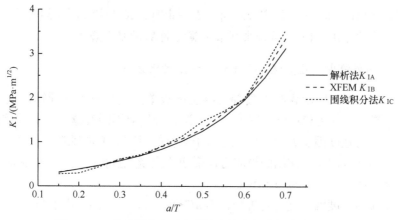

图 5.12　三种计算方法对应裂缝尖端应力强度因子对比图

从表 5.3 及图 5.12 可以看出，随着裂缝比值的增大，三种计算方法下 K_I 均会不断增大。相较于围线积分法，采用 XFEM 计算的 K_I 更加接近解析法，且在不同裂缝比值下的计算结果相对误差均在 10%以内。

采用围线积分法进行计算时会发现，当裂缝尖端靠近模型边界时，其计算的应力强度因子与解析法的相对误差会加大。这是因为对于含有裂缝的平板，在其裂缝区域自由表面会存在一个 5%板厚的边界层，沿裂缝线板中部的变形接近平面应变状态，而边界层的变形为平面应力状态。因此，采用围线积分法进行过大或过小深度裂缝的应力强度因子计算时都会产生较大误差。

3. 不同网格密度下裂缝尖端应力强度因子对比分析

若面板厚度及和裂缝线方向上的网格划分过于粗糙，会导致裂缝尖端周围的结点距离较远而无法真实反映裂缝尖端应力强度，造成计算结果产生较大误差，而网格密度划分过于精细则会造成计算资源的浪费，因此合理的网格划分既可以保证计算的精度，又可以节省计算资源，提高计算效率。本小节基于图 5.10 所示的含初始裂缝混凝土平板单向受拉有限元计算模型，采用 XFEM 探究不同网格密度下裂缝尖端应力强度因子的变化特性。

取初始裂缝深度 a=0.175m，通过解析法求得的单向受拉直裂缝尖端的应力强度因子理论解 K_{IA} 为 0.688MPa·m$^{1/2}$。采用 XFEM 计算的不同网格密度下裂缝尖端应力强度因子 K_{IB} 及与解析法 K_{IA} 的相对误差见表 5.4，并绘制如图 5.13 所示的不同网格密度下裂缝尖端应力强度因子变化图。

表 5.4　不同网格密度下裂缝尖端应力强度因子 K_{IB} 及与解析法 K_{IA} 的相对误差

网格个数	$K_{IB}/(\mathrm{MPa \cdot m^{1/2}})$	与 K_{IA} 的相对误差/%
3264	0.865	25.727
4590	0.639	7.122
5775	0.661	3.924
7200	0.731	6.25
12096	0.648	5.814
14280	0.660	4.070
19800	0.704	2.326
38786	0.677	1.599
42570	0.678	1.453
53580	0.710	3.198
63648	0.707	2.762
79968	0.684	0.581

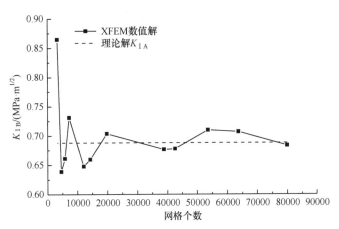

图 5.13　不同网格密度下裂缝尖端应力强度因子变化图

从表 5.4 及图 5.13 可以看出，随着网格密度的增大，采用 XFEM 计算的裂缝尖端应力强度因子 K_{IB} 在理论解附近起伏。当网格密度较小时，XFEM 数值解与理论解的相对误差较大，但随着网格密度的增大，误差逐渐减小。当划分的网格个数大于 14280 个，XFEM 数值解与理论解的相对误差均在 5% 以内，此时可认为网格密度已对裂缝尖端应力强度因子的计算结果影响不大，但网格密度过大不仅会降低计算速度，而且在一定程度上造成计算资源的浪费。因此，采用 XFEM 进行裂缝尖端应力强度因子计算时，计算模型的网格密度不宜过小，否则会丧失计算精度，但也不宜过大，否则会影响计算效率。

4. 面板加钢筋后对裂缝尖端应力的影响

在实际工程中，混凝土面板内部必然会布设钢筋以保障结构的强度，因此进一步研究钢筋布设和保护层厚度对裂缝扩展和尖端应力强度因子的影响是十分必要的。参考混凝土面板实际受力及开裂情况，选取蓄水期混凝土面板挠度变形最大部位，提取相应位移分布数据，从而转化为等效位移荷载施加在混凝土面板迎水面，以模拟蓄水期混凝土面板的应力状态[14]。如图 5.14 混凝土面板位移荷载施加情况示意图所示，等效位移荷载分两部分施加：①$z=-0.464-0.003x(0\leqslant x\leqslant 2.85\text{m})$；②$z=-0.484+0.004x(2.85\text{m}<x\leqslant 5.70\text{m})$，并且混凝土面板顶部及底部施加位移约束。同时，参考混凝土面板的开裂特性，在混凝土面板背水面中间位置预设一初始裂缝，裂缝深度 $a=0.15\text{m}$[14]。

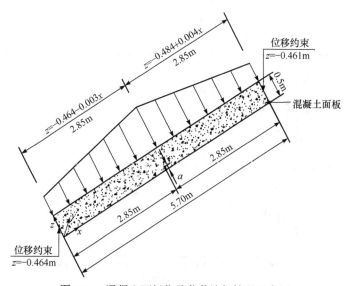

图 5.14　混凝土面板位移荷载施加情况示意图

基于构建的混凝土面板模型，对比分析无钢筋及布设一层、两层、三层双向分布钢筋时混凝土面板裂缝尖端的应力强度，并探究布设两层钢筋时，不同保护层厚度下裂缝尖端应力强度的变化规律。

混凝土和钢筋分别采用 C3D8R 单元和 T3D2 单元进行分离式建模，并假设钢筋与混凝土之间为刚性连接，即不会产生相对滑移，混凝土面板钢筋布设情况如图 5.15 所示。含初始裂缝混凝土面板材料参数见表 5.1，钢筋材料参数见表 5.5。为了保证计算精度，模型采用 0.1mm×0.1mm 的网格进行剖分。

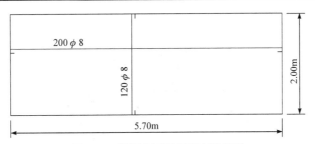

图 5.15　混凝土面板钢筋布设情况

200ϕ8 表示钢筋间距为 200mm，钢筋直径为 8mm；120ϕ8 表示钢筋间距为 120mm，钢筋直径为 8mm

表 5.5　钢筋材料参数

弹性模量 E_s/GPa	屈服强度 f_y/MPa	泊松比 μ_s
210	210	0.3

图 5.16～图 5.19 分别为无分布钢筋和布设不同层数双向分布钢筋时含初始裂缝混凝土面板最小主应力分布图。

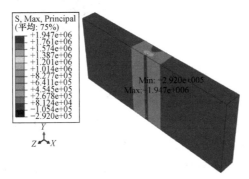

图 5.16　无分布钢筋时含初始裂缝混凝土面板最小主应力分布图(单位：Pa)(见彩图)

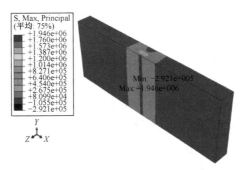

图 5.17　布设单层双向分布钢筋时含初始裂缝混凝土面板最小主应力分布图(单位：Pa)(见彩图)

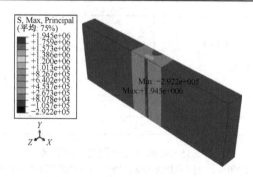

图 5.18　布设两层双向分布钢筋时含初始裂缝混凝土面板最小主应力分布图(单位：Pa)(见彩图)

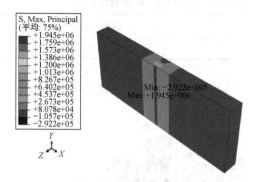

图 5.19　布设三层双向分布钢筋时含初始裂缝混凝土面板最小主应力分布图(单位：Pa)(见彩图)

从图 5.16～图 5.19 可以看出，随着位移荷载的增加，开裂单元的不平衡应力转化为不平衡结点力重新作用在结构上，实现了对应力重分布的模拟。同时，布设一层、两层、三层双向分布钢筋时，裂缝尖端最大拉应力分别为 1.946MPa、1.945MPa、1.945MPa，而未布设钢筋时最大拉应力为 1.947MPa，说明布设双向分布钢筋能在一定程度上改善裂缝尖端的应力状况，但效果不明显。因此，考虑到钢筋的成本因素，建议布设分布钢筋时按照满足混凝土面板整体结构应力要求即可。

裂缝尖端与双向分布钢筋最大拉应力随保护层厚度变化规律如图 5.20 所示。从图 5.20 可以看出，混凝土面板拉应力主要集中在双向分布钢筋上，当钢筋离裂缝尖端较近时(即保护层厚度较小时)，在等效位移荷载作用下，钢筋会承受较大拉应力并产生变形，从而对混凝土裂缝扩展具有一定的控制作用；而当钢筋远离裂缝尖端时，钢筋应力变形逐渐变小，裂缝尖端也逐渐恢复自身混凝土开裂产生的应力场，同时，钢筋对裂缝作用的聚合力减弱了裂缝尖端的应力集中程度。总体来看，混凝土面板不同保护层厚度对钢筋应力的影响较大，但对裂缝尖端应力几乎无影响。但混凝土面板加两层双向分布钢筋后，在合适的保护层厚度下能在一定程度上降低面板裂缝尖端的应力，从而提高面板结构的止裂能力。

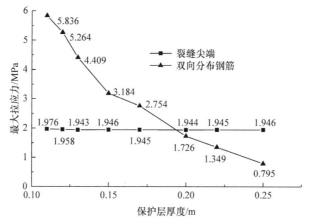

图 5.20 裂缝尖端与双向分布钢筋最大拉应力随保护层厚度变化规律

5.3 水压力作用下混凝土面板裂缝扩展分析

目前，关于水压力作用下混凝土面板裂缝扩展过程的研究仍较少，为此，本节参考石油开采时岩体水力压裂的基本原理，以二维混凝土面板为研究对象，开展水压力作用下裂缝沿混凝土面板迎水面及厚度方向扩展的相关研究，为后续的深入研究提供思路和参考。

5.3.1 混凝土面板不同初始裂缝倾角扩展规律

1. 计算模型

本小节拟探究具有不同倾角的贯穿裂缝向混凝土面板四周的扩展规律(即图 5.1 中开裂形式 I)，鉴于模型尺寸限制，且为了避免面板周围不均匀受力对裂缝的扩展过程的影响，采用正方形形态构建二维有限元计算模型。同时，考虑到混凝土面板需根据坝体变形和施工条件在每 8～16m 处设置垂直缝，故模型尺寸选用 10m×10m(长×宽)，并采用 0.1m×0.1m(长×宽)网格对有限元模型进行划分。根据计算目的，在混凝土面板二维模型中间部位分别预制与 y 轴方向呈 0°、45°、60°、75°倾角，宽度为 2mm 的初始微裂缝，并在裂缝中心点施加水压力，以模拟水压力作用下裂缝的开裂过程。同时，参考堆石坝蓄水期混凝土面板的应力状态[15]，在混凝土面板二维模型边界设置大小为–4MPa 的应力场("–"表示应力为压应力)，不同初始裂缝倾角扩展计算模型如图 5.21 所示。

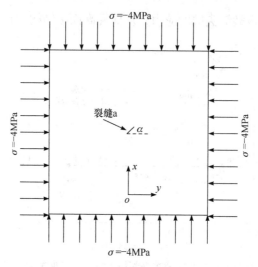

图 5.21　不同初始裂缝倾角扩展计算模型

2. 计算参数

混凝土面板裂缝扩展模拟参数如表 5.6 所示。由于混凝土与介壳灰岩的力学特性相近[16]，故参考文献[17]中开展介壳灰岩水力劈裂模拟时采用的水排量，排量峰值取 $5×10^{-5}\text{m}^2/\text{s}$，计算时长取 100s。

表 5.6　混凝土面板裂缝扩展模拟参数

参数	数值	参数	数值
混凝土弹性模量/GPa	28	排量峰值/(m²/s)	$5×10^{-5}$
混凝土泊松比	0.2	天然初始裂缝倾角/(°)	0, 45, 60, 75
渗透系数/(m/s)	$1×10^{-7}$	抗拉强度/抗剪强度/(MPa/MPa)	3/10
滤失系数/[m/(Pa·s)]	$1×10^{-14}$	孔隙率	0.1
液体黏度/(Pa·s)	0.001	应力场/MPa	−4

3. 计算结果及分析

图 5.22～图 5.29 分别为不同初始裂缝倾角扩展过程中混凝土面板在不同时刻最大主应力云图，以及水压力作用点裂缝宽度及孔隙压力历时曲线。

1) 0°初始裂缝

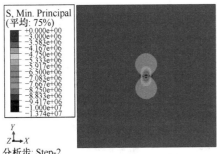

分析步: Step-2
Increment　17: Step Time=4.916
主变量: S, Min. Principal
变形变量:U 变形缩放系数: +1.000e+02

(a) t=4.92s

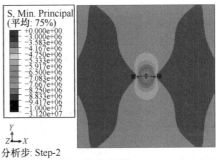

分析步: Step-2
Increment　37: Step Time=12.04
主变量: S, Min. Principal
变形变量:U 变形缩放系数: +1.000e+02

(b) t=12.04s

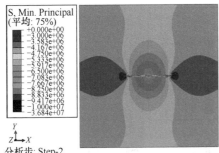

分析步: Step-2
Increment　74: Step Time=32.40
主变量: S, Min. Principal
变形变量:U 变形缩放系数: +1.000e+02

(c) t=32.40s

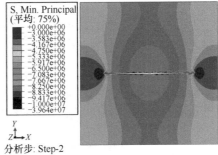

分析步: Step-2
Increment　164: Step Time=100.0
主变量: S, Min. Principal
变形变量:U 变形缩放系数: +1.000e+02

(d) t=100.00s

图 5.22　0°初始裂缝扩展过程中混凝土面板在不同时刻最大主应力云图(单位：Pa)(见彩图)
S, Min, Principal-由于 ABAQUS 中以拉应力为正，在此表示最大主应力；
Step-分析步；Increment-增量步；Step Time-当前分析步内的时间(后图相同)

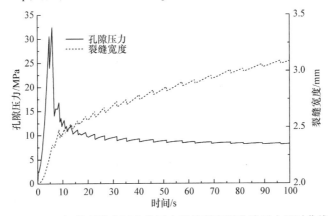

图 5.23　0°初始裂缝水压力作用点裂缝宽度及孔隙压力历时曲线

2) 45°初始裂缝

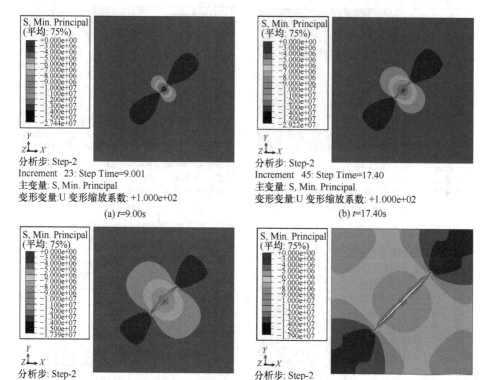

图 5.24　45°初始裂缝扩展过程中混凝土面板不同时刻最大主应力云图(单位：Pa)(见彩图)

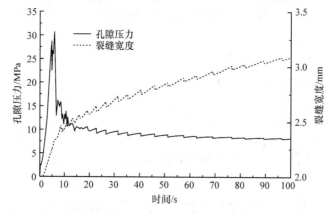

图 5.25　45°初始裂缝水压力作用点裂缝宽度及孔隙压力历时曲线

3) 60°初始裂缝

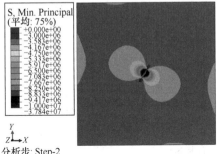

分析步: Step-2
Increment　36: Step Time=8.245
主变量: S, Min. Principal
变形变量:U 变形缩放系数: +1.000e+02

(a) *t*=8.25s

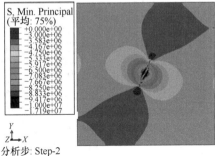

分析步: Step-2
Increment　100: Step Time=21.60
主变量: S, Min. Principal
变形变量:U 变形缩放系数: +1.000e+02

(b) *t*=21.60s

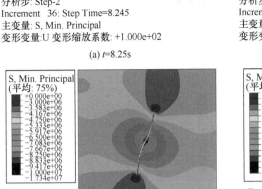

分析步: Step-2
Increment　182: Step Time=53.34
主变量: S, Min. Principal
变形变量:U 变形缩放系数: +1.000e+02

(c) *t*=53.34s

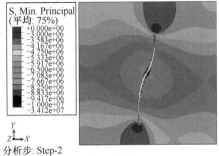

分析步: Step-2
Increment　247: Step Time=100.0
主变量: S, Min. Principal
变形变量:U 变形缩放系数: +1.000e+02

(d) *t*=100.00s

图 5.26　60°初始裂缝扩展过程中混凝土面板不同时刻最大主应力云图(单位：Pa)(见彩图)

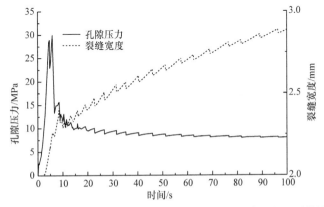

图 5.27　60°初始裂缝水压力作用点裂缝宽度及孔隙压力历时曲线

4) 75°初始裂缝

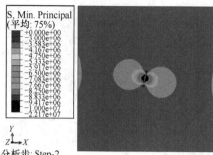

分析步: Step-2
Increment 170: Step Time=6.872
主变量: S, Min. Principal
变形变量:U 变形缩放系数: +1.000e+02

(a) t=6.87s

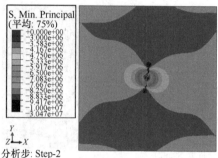

分析步: Step-2
Increment 205: Step Time=12.04
主变量: S, Min. Principal
变形变量:U 变形缩放系数: +1.000e+02

(b) t=12.04s

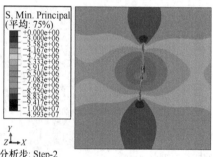

分析步: Step-2
Increment 323: Step Time=43.31
主变量: S, Min. Principal
变形变量:U 变形缩放系数: +1.000e+02

(c) t=43.31s

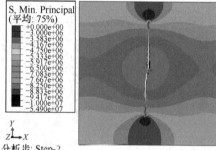

分析步: Step-2
Increment 419: Step Time=100.0
主变量: S, Min. Principal
变形变量:U 变形缩放系数: +1.000e+02

(d) t=100.00s

图 5.28　75°初始裂缝扩展过程中混凝土面板不同时刻最大主应力云图(单位：Pa)(见彩图)

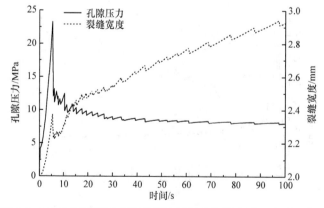

图 5.29　75°初始裂缝水压力作用点裂缝宽度及孔隙压力时程曲线

从图 5.22~图 5.29 可以看出，随着水压力的变化，0°和 45°初始裂缝会沿着初始方位角向外持续扩展，而 60°、75°初始裂缝在扩展过程中会逐渐向竖直方向偏移。最终，0°初始裂缝水压力作用点孔隙压力为 8.153MPa，裂缝宽度为 3.087mm；45°初始裂缝水压力作用点孔隙压力为 8.173MPa，裂缝宽度为 3.090mm；60°初始裂缝水压力作用点孔隙压力为 8.011MPa，裂缝宽度为 2.985mm；75°初始裂缝水压力作用点孔隙压力为 8.005MPa，裂缝宽度为 2.927mm。可以发现，不同初始裂缝倾角水压力作用点单元最终稳定孔隙压力均为 8MPa 左右，并且最终裂缝宽度均为 3mm 左右，这主要是各方案模型边界条件均为–4MPa 的均匀分布应力场，导致不同初始裂缝倾角的计算结果相近。

本小节仅以二维平面混凝土面板为研究对象，未考虑实际大坝整体坐标系下裂缝周围不均匀应力场对裂缝扩展方向、裂缝宽度及孔隙压力的影响，因此如何更加合理真实地模拟大坝整体坐标系下不同倾角裂缝沿混凝土面板厚度方向的扩展规律，仍有待于深入研究。

5.3.2 多段水力裂缝的缝间干扰模拟分析

1. 计算模型

为研究水压力作用下，两条裂缝沿混凝土面板迎水面方向(xy 平面)及厚度方向(xz 平面)扩展过程中相互干扰特征，本小节制定了两组计算方案。方案一：在混凝土面板中心预制两条相互平行且与 y 轴方向呈 45°倾角、宽度为 2mm 的微裂缝，并先后给两裂缝中心点施加水压力，以探究水压力作用下两裂缝沿混凝土面板迎水面开裂过程中的相互干扰行为。方案二：在混凝土面板边缘处预制两条相互平行且与 z 轴方向呈 0°倾角、宽度为 2mm 的微裂缝，并先后给两裂缝左侧边缘点施加水压力，以探究水压力作用下两裂缝沿混凝土面板厚度方向开裂过程中的相互干扰行为。

多段水力裂缝的缝间干扰模拟计算模型如图 5.30 所示，同样，在混凝土面板二维模型边界设置大小为–4MPa 的应力场("–"表示应力为压应力)。模拟计算共分四个分析步进行：①在混凝土面板模型边界上施加一个–4MPa 的应力场；②在裂缝 a 中心点(左侧边缘点)施加水压力，共计 200s；③停止施压，混凝土面板应力逐渐趋于稳定，共计 360s；④在裂缝 b 中心点(左侧边缘点)施加水压力，共计 100s。

2. 计算参数

混凝土面板多段水力裂缝的缝间干扰模拟参数仍采用表 5.6 所示的模拟参数。

3. 计算结果及分析

由于混凝土破裂时裂缝启裂方向总是垂直于最小主应力方向，当其他条件不

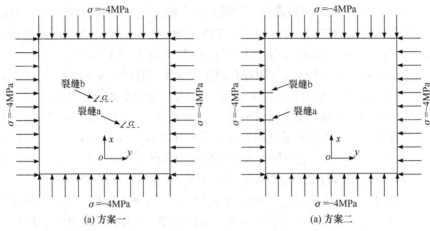

图 5.30　多段水力裂缝的缝间干扰模拟计算模型

变时，混凝土面板初始裂缝的开裂形态主要取决于其边界承受的垂直向及水平向应力场的相对大小，并且裂缝会趋向混凝土内部强度最低、抗力最小的部位发展。鉴于第 1 分析步旨在给混凝土面板边界施加均匀分布的应力场，并不会导致混凝土面板上的应力分布发生变化，本小节重点研究在裂缝 a 中心点(左侧边缘点)施加水压力、停止施压及在裂缝 b 中心点(左侧边缘点)施加水压力三个时段混凝土面板的应力变化。

1) 方案一

图 5.31～图 5.33 分别为方案一裂缝 a 中心点施加水压力、停止施压及裂缝 b 中心点施加水压力三个时段混凝土面板不同时刻最大主应力云图。

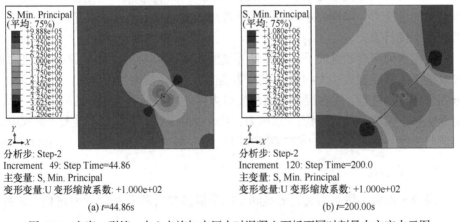

图 5.31　方案一裂缝 a 中心点施加水压力时混凝土面板不同时刻最大主应力云图

(单位：Pa)(见彩图)

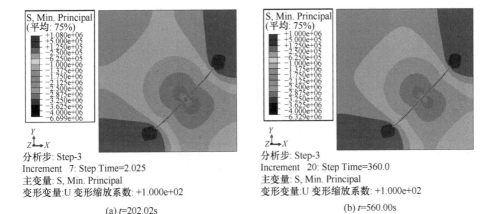

分析步: Step-3
Increment　7: Step Time=2.025
主变量: S, Min. Principal
变形变量:U 变形缩放系数: +1.000e+02

(a) t=202.02s

分析步: Step-3
Increment　20: Step Time=360.0
主变量: S, Min. Principal
变形变量:U 变形缩放系数: +1.000e+02

(b) t=560.00s

图 5.32　方案一裂缝 a 中心点停止施压时混凝土面板不同时刻最大主应力云图
(单位：Pa)(见彩图)

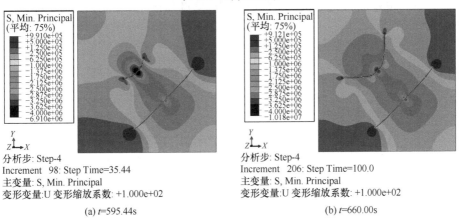

分析步: Step-4
Increment　98: Step Time=35.44
主变量: S, Min. Principal
变形变量:U 变形缩放系数: +1.000e+02

(a) t=595.44s

分析步: Step-4
Increment　206: Step Time=100.0
主变量: S, Min. Principal
变形变量:U 变形缩放系数: +1.000e+02

(b) t=660.00s

图 5.33　方案一裂缝 b 中心点施加水压力时混凝土面板不同时刻最大主应力云图
(单位：Pa)(见彩图)

　　从图 5.31～图 5.33 可以看出，在裂缝 a 中心点施加水压力后，裂缝 a 会沿着与 y 轴呈 45°的方向持续扩展，并且裂缝的扩展会逐渐改变混凝土面板的应力分布状态；同时，停止施压后，尽管裂缝 a 不再进一步扩展，但混凝土面板的应力分布也会有轻微的变化；当在裂缝 b 中心点施加水压力，受到裂缝 a 周围应力的影响，裂缝 b 的扩展会从初始的 45°方向逐渐向面板左上方偏转，并且在裂缝 b 扩展的同时，裂缝 a 周围的应力也会轻微加强。

　　图 5.34 为混凝土面板不同时刻最小主应力矢量图。通常，裂缝的扩展会影响最小主应力的方向，而最小主应力的改变也会影响裂缝的扩展方向。如图 5.34 所示，当裂缝 a 扩展结束后，其周围会形成一个影响区，影响区内最小主应力的方向已发生了改变，并且对裂缝 b 的扩展路径和速率产生了一定的影响。

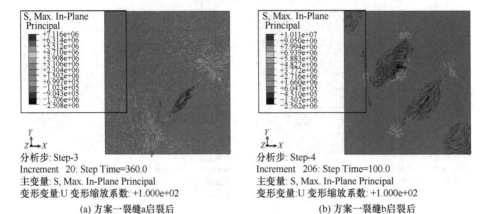

图 5.34　方案一混凝土面板不同时刻最小主应力矢量图(单位：Pa)(见彩图)

S, Max. In-Plane Principal-最小主平面应力

方案一裂缝 a、裂缝 b 水压力作用点裂缝宽度和孔隙压力历时曲线，如图 5.35 所示。

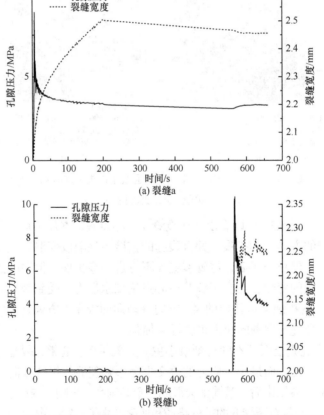

图 5.35　方案一裂缝 a、裂缝 b 水压力作用点裂缝宽度及孔隙压力历时曲线

从图 5.35 中可以看出，预制裂缝初始启裂时其孔隙压力均很高，但随着时间的推移会逐渐降低。如图 5.35(a)所示，裂缝 a 中心点孔隙压力于水压力作用后7.032s 迅速达到峰值 8.845MPa，随后逐渐降低，而裂缝 a 中心点裂缝宽度会逐渐增大，并于停止施压时达到峰值 2.506mm；在停止施压阶段，裂缝 a 中心点孔隙压力及裂缝宽度会持续缓慢降低，直至 560s(停止施压结束时刻)，此时孔隙压力为 3.080MPa，裂缝宽度为 2.460mm；在 560s 时刻可以发现，裂缝 a 中心点孔隙压力曲线会有轻微的转折上升趋势，裂缝宽度曲线会有轻微的转折下降趋势，这是由于 560s 时裂缝 b 中心点开始施加水压力，发生二次压裂，并引起裂缝 a 内部的孔隙被压缩减小，导致裂缝 a 孔隙压力的增加及裂缝宽度的减小。

如图 5.35(b)所示，在裂缝 b 中心点施加水压力前，其裂缝宽度始终保持不变，但孔隙压力会有轻微的波动，这是裂缝 a 的启裂使裂缝 b 周围单元压缩而导致的。水压力作用后，裂缝 b 中心点孔隙压力会急剧增大，然后再缓慢降低，而裂缝宽度会波动性持续增大。

2) 方案二

图 5.36～图 5.38 分别为方案二裂缝 a 左侧边缘点施加水压力、停止施压及裂缝 b 左侧边缘点施加水压力 3 个时段混凝土面板不同时刻最大主应力云图。图 5.39 为方案二中裂缝 a、裂缝 b 水压力作用点裂缝宽度及孔隙压力历时曲线。

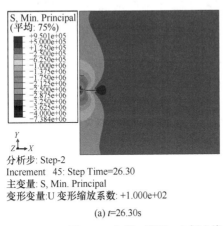
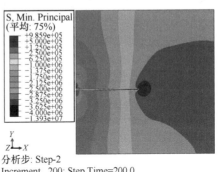

(a) t=26.30s　　　　　　　　　　　　(b) t=200.00s

图 5.36　方案二裂缝 a 左侧边缘点施加水压力时混凝土面板不同时刻
最大主应力云图(单位：Pa)(见彩图)

从图 5.36～图 5.39 可以看出，在裂缝 a 左侧边缘点施加水压力后，裂缝 a 会沿着初始方向持续向前扩展，水压力作用点的孔隙压力会在 18.722s 内迅速增大至峰值 3.342MPa，随后逐渐降低，而裂缝 a 左侧边缘点裂缝宽度会在水压力作用期间持续增大，并于停止施压时刻达到峰值 2.720mm。与方案一相似，在停止施压阶段，裂缝 a 左侧边缘点孔隙压力及裂缝宽度会持续缓慢降低，直至560s(停止

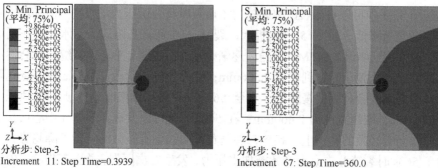

(a) t=200.39s　　　　　　　　　　(b) t=560.00s

图 5.37　方案二裂缝 a 左侧边缘点停止施压时混凝土面板不同时刻最大主应力云图

(单位：Pa)(见彩图)

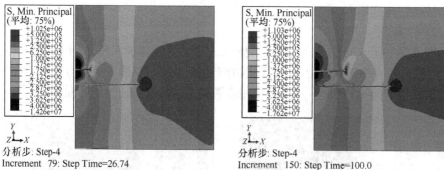

(a) t=586.74s　　　　　　　　　　(b) t=660.00s

图 5.38　方案二裂缝 b 左侧边缘点施加水压力时混凝土面板不同时刻最大主应力云图

(单位：Pa)(见彩图)

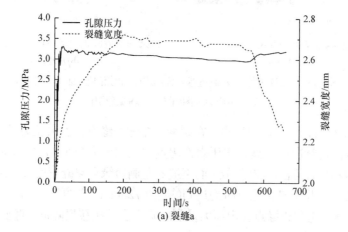

(a) 裂缝a

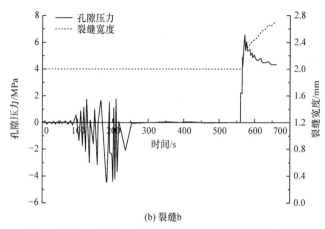

(b) 裂缝b

图 5.39　方案二裂缝 a、裂缝 b 水压力作用点裂缝宽度及孔隙压力历时曲线

施压结束时刻），此时裂缝 a 左侧边缘点的孔隙压力为 2.964MPa，裂缝宽度为 2.678mm。在 560s 时，裂缝 b 左侧边缘点开始施加水压力，此时发生二次压裂，并引起裂缝 a 内部孔隙减小，从而导致孔隙压力的增大及裂缝宽度的减小。因此，可以明显看到，裂缝 a 左侧边缘点孔隙压力曲线在 560s 处有轻微的转折后缓慢上升趋势，而裂缝宽度曲线轻微转折后会持续减小趋势。同样，因为裂缝 a 与裂缝 b 距离相对较近，裂缝 a 的启裂会受到裂缝 b 周围的应力场产生严重的干扰，所以在裂缝 b 施加水压力前，其孔隙压力就有明显的波动。在施加水压力后，裂缝 b 左侧边缘点的孔隙压力会急剧增大，然后再缓慢降低，而裂缝宽度会持续增大。

5.3.3　水力裂缝与微裂缝相交模拟分析

对于混凝土面板而言，混凝土在自身及外界各种因素的共同作用下会发生收缩变形，从而导致混凝土面板内部产生大量的微裂缝。当水力裂缝沿着混凝土面板厚度方向不断扩展时，难免会与微裂缝以一定的角度相交，而微裂缝的产状及应力状态均会影响水力裂缝的扩展过程，因此开展水力裂缝与微裂缝相交模拟分析是十分必要的。

1. 水力裂缝扩展与开裂准则

水力裂缝与微裂缝相遇时通常会出现三种情况：①水力裂缝承受压力较小，但受到微裂缝应力场的影响，两种裂缝相互逼近但不相交；②微裂缝方位对水力裂缝传播方向不利，或水力裂缝尖端的力不足以克服垂直微裂缝的应力，此时水力裂缝会沿着抗力最小的部位继续传播；③微裂缝断裂强度小于水力裂缝断裂强度，水力裂缝会遵循向阻力最小路径方向传播原则，其传播方向会发生偏转，同时流体会转向微裂缝系统[18,19]。

1) 水力裂缝启裂

本小节主要模拟静水压力作用下，水压力不断注入混凝土面板预制裂缝内，从而导致预制裂缝启裂、扩展，再与混凝土面板内部微裂缝相交的过程。水力裂缝及微裂缝均采用 cohesive 单元进行模拟，即假定开裂前单元均为线弹性关系，而当承受的应力到达预设临界应力强度时，则认为 cohesive 单元发生破坏，其刚度也相应地变为 0[19]，表述为

$$\max\left\{\frac{\langle\sigma_n\rangle}{\sigma_n^0},\frac{\sigma_s}{\sigma_s^0},\frac{\sigma_t}{\sigma_t^0}\right\}=1 \tag{5.32}$$

其中，

$$\langle\sigma_n\rangle=\begin{cases}\sigma_n,\ \sigma_n\geqslant 0\\ 0,\quad \sigma_n<0\end{cases} \tag{5.33}$$

式中，$\langle\ \rangle$——表示单元承受压应力不会发生破坏；

σ_n^0——抗拉强度；

σ_s^0、σ_t^0——两个剪切方向的剪切强度；

σ_n——单元实际法向应力；

σ_s、σ_t——两个剪切方向的单元实际切向应力。

2) 水力裂缝扩展

当 cohesive 单元发生开裂后，为进一步模拟水力裂缝沿混凝土面板厚度方向的扩展过程，可以采用刚度退化来描述单元损伤演化过程，如式(5.34)及式(5.35)所示：

$$\sigma_n=\begin{cases}(1-D)\bar{\sigma}_n,\ \bar{\sigma}_n\geqslant 0\\ \bar{\sigma}_n,\ \text{当cohesive单元承受压应力时}\end{cases} \tag{5.34}$$

$$\begin{cases}\sigma_s=(1-D)\bar{\sigma}_s\\ \sigma_t=(1-D)\bar{\sigma}_t\end{cases} \tag{5.35}$$

其中，当 $D=0$ 时，材料未损伤；$D=1$ 时，材料完全损伤。

式中，D——损伤变量；

$\bar{\sigma}_n$——损伤前线弹性准则下的法向应力；

$\bar{\sigma}_s$、$\bar{\sigma}_t$——损伤前线弹性准则下的切向应力。

cohesive 单元液体流动示意图如图 5.40 所示，液体在 cohesive 单元内的流动可分为切向流动和法向流动，其中切向流动会对裂缝扩展起到主要的促进作用。因此，本小节将裂缝上的压裂液视为牛顿流体，则其切向流动性遵循立方定理，如式(5.36)所示：

$$q = \frac{d^2}{12\mu}\nabla p \qquad (5.36)$$

式中，q——体积流率密度矢量；

　　d——cohesive 单元张开的宽度；

　　μ——压裂液黏性系数；

　　p——cohesive 单元里面的流体压力。

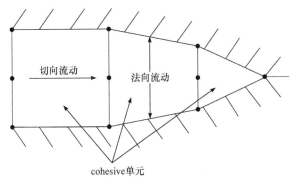

图 5.40　cohesive 单元液体流动示意图[19]

3) 水力裂缝与天然裂缝相互作用

根据张性开裂准则可知，当天然裂缝上的最大拉应力大于或等于混凝土的抗拉强度时，水力裂缝会穿过天然裂缝并向前继续扩展，如图 5.41 水力裂缝与天然裂缝位置示意图所示。根据定义，使混凝土抗拉强度 σ_n^0 与微裂缝面上的最大主应力 σ_{n1} 相等即可得到临界条件，如式(5.37)及式(5.38)所示：

$$\sigma_{n1} = \sigma_n^0 \qquad (5.37)$$

$$mA^2 + nA + j = 0 \qquad (5.38)$$

其中，

$$m = 2 - 2\cos\theta \qquad (5.39)$$

$$n = (\sigma_h - \sigma_v)\sin2\beta(1-\cos\theta) - (\sigma_h - \sigma_v)\cos2\beta\sin\theta + 4\left(\sigma_n^0 - \frac{\sigma_h + \sigma_v}{2}\right) \qquad (5.40)$$

$$j = \left(\frac{\sigma_h - \sigma_v}{2}\sin2\beta\right)^2 + \left(\frac{\sigma_h - \sigma_v}{2}\cos2\beta\right)^2 - \left(\sigma_n^0 - \frac{\sigma_h + \sigma_v}{2}\right)^2 \qquad (5.41)$$

式中，σ_h——水力裂缝面轴向应力；

　　σ_v——水力裂缝面环向应力；

　　β——水力裂缝与天然裂缝逼近角度，($\circ$)；

　　θ——微裂缝启裂角度，($\circ$)。

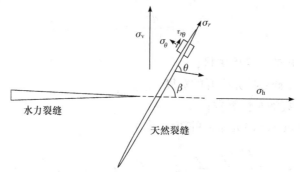

图 5.41　水力裂缝与天然裂缝位置示意图[20]

解式(5.38)即可得 A 的两个解，分别对应微裂缝面上的最大水平主应力和最小水平主应力。同时，由于假设微裂缝为张性开裂，则在该应力条件下微裂缝不发生剪切破坏的条件为

$$|\tau_{r\theta}| < \tau_0 + k_f \sigma_\theta \tag{5.42}$$

式中，$\tau_{r\theta}$——微裂缝面切向应力；

　　　σ_θ——微裂缝面环向应力；

　　　τ_0——混凝土黏聚力；

　　　k_f——微裂缝面摩擦系数。

综上，若水力裂缝与微裂缝满足式(5.37)和式(5.42)两个条件，则水力裂缝会穿过微裂缝继续向前扩展；如果不满足式(5.37)，则裂缝会停止扩展或者顺着微裂缝尖端继续向前扩展。

2. 计算模型

鉴于水力裂缝在水压力作用下沿混凝土面板厚度方向扩展时，不可避免地会与其扩展路径上的微小裂缝相交，从而影响水力裂缝的扩展过程。为此，本小节构建了图 5.42 所示的水力裂缝与微裂缝的相交过程计算模型。为了避免面板边界不均匀应力场对裂缝扩展过程的影响，采用正方形构建模型，同时考虑到面板的实际厚度，模型尺寸选用 0.5m×0.5m(长×宽)。在模型左端中部预制 0.15m 长的诱导裂缝(CD 段)，并在混凝土面板中心预制 0.2m 长的微裂缝(AB 段)，微裂缝与诱导裂缝之间夹角为 α，水力裂缝及微裂缝均采用 cohesive 单元模拟。

本小节在研究水压力作用下水力裂缝与微裂缝相交情况的同时，探究混凝土面板边界不同应力场对孔隙压力的影响，为此制定两组计算方案：①在诱导裂缝左侧边缘点注入水，注水排量峰值为 $1\times10^{-6}\text{m}^2/\text{s}$，注水时长为 60s，同时，混凝土面板边界施加−4MPa 的均匀应力场("−"表示应力为压应力)，以研究水压力作用下水力裂缝与微裂缝的相交情况；②其他条件不变，仅改变混凝土面板边界均匀

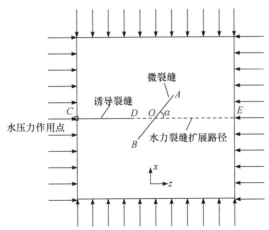

图 5.42　水力裂缝与微裂缝的相交过程计算模型

应力场分别为–1MPa、–3MPa、–5MPa 及–7MPa，以探究混凝土面板边界应力场对孔隙压力的影响。

3. 计算参数

由于混凝土抗拉强度通常是其抗压强度的 2%～16%，抗剪强度是其抗压强度的 10%～40%，参考文献[21]中混凝土面板抗压强度为 40MPa。本小节混凝土面板水力裂缝抗拉强度取 3MPa，抗剪强度取 10MPa。同时，考虑到混凝土面板内部微裂缝较多，其抗拉强度及抗剪强度会在相互影响下削弱，因此微裂缝抗拉强度取 2MPa，抗剪强度取 8MPa。初始裂缝与微裂缝相交模拟计算参数见表 5.7。

表 5.7　初始裂缝与微裂缝相交模拟计算参数

参数	数值
混凝土弹性模量/GPa	28
混凝土泊松比	0.2
渗透系数/(m/s)	1×10^{-7}
滤失系数/[m/(Pa·s)]	1×10^{-14}
液体黏度/(Pa·s)	0.001
注水排量峰值/(m²/s)	1×10^{-6}
初始裂缝与微裂缝夹角 α/(°)	60
抗拉强度/抗剪强度/(MPa/MPa)	初始裂缝 3/10 微裂缝 2/8

续表

参数	数值
孔隙率	0.1
应力场/MPa	−1，−3，−4，−5，−7

为简化模型，计算中设定以下假设：

(1) 混凝土面板为均匀且各向同性材料；

(2) 初始裂缝的扩展方向与面板边缘垂直，且预设的微裂缝的抗拉强度和抗剪强度均小于初始裂缝强度；

(3) 裂缝受到的场应力为均匀压应力。

4. 计算结果及分析

1) 注水排量峰值为 $1×10^{-6}m^2/s$，边界均匀应力场为−4MPa

图 5.43 为不同时刻水力裂缝与微裂缝相交过程混凝土面板最大主应力云图，图 5.44 为不同时刻水力裂缝与微裂缝相交过程裂缝宽度示意图。

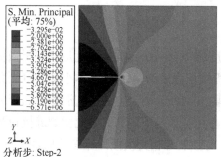

(a) t=4.50s　　　　　　　　　　(b) t=25.14s

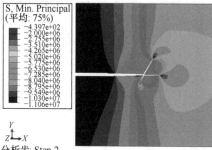

(c) t=25.17s　　　　　　　　　　(d) t=25.22s

图 5.43　不同时刻水力裂缝与微裂缝相交过程混凝土面板最大主应力云图(单位：Pa)(见彩图)

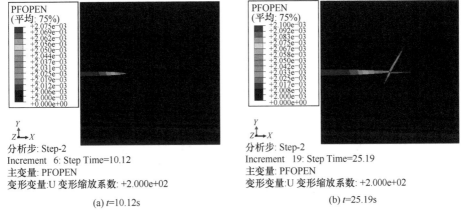

图 5.44　不同时刻水力裂缝与微裂缝相交过程裂缝宽度示意图(单位：m)(见彩图)

PFOPEN-裂缝宽度

当流体注入预制诱导裂缝左端点 C 点后，水压力作用点的孔隙压力会随着时间逐渐增大，并且当流体逐渐充满诱导裂缝并向 D 点扩展时，裂缝尖端会出现应力集中现象；当水力裂缝抗拉强度小于裂缝尖端应力强度时，水力裂缝会向前继续扩展，直至扩展至微裂缝中点(O 点)。此时，裂缝尖端会再次出现应力集中现象，一旦裂缝尖端应力强度超过微裂缝断裂强度，部分流体就会转向微裂缝系统，一部分流体会沿着微裂缝最佳方位角(OA 段)向前扩展。另一部分则会沿着反向(OB 段)向前扩展。但可以看出，相比于 OB 段，OA 段更易启裂。彩图 5.44 中红色为裂缝宽度最大值，也就是裂缝张开幅度最大区域，蓝色代表裂缝宽度最小值，出现在裂缝尖端位置，符合实际规律。

不同时刻水力裂缝沿程各点裂缝宽度及水力裂缝水压力作用点孔隙压力历时曲线分别如图 5.45 及图 5.46 所示。

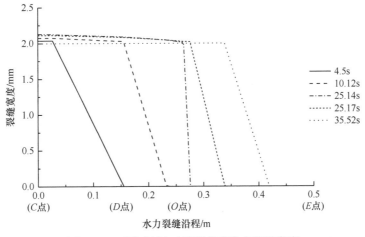

图 5.45　不同时刻水力裂缝沿程各点裂缝宽度

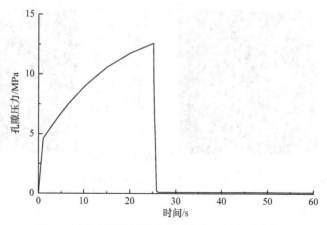

图 5.46　水力裂缝水压力作用点孔隙压力历时曲线

　　从图 5.45 可以看出，水力裂缝从启裂至扩展的整个过程，水压力作用点的裂缝宽度均大于沿程其他各点的裂缝宽度，且沿程上各点裂缝宽度从 C 点至 D 点逐渐减小，符合裂缝扩展的实际规律。在 25.14s 时，水压力作用点裂缝宽度达到最大值 2.13mm，而在 25.17s 时，水压力作用点裂缝宽度减小至 2.11mm，并在 35.52s 进一步减小至 2.00mm。从图 5.46 可以看出，水压力作用点孔隙压力于 25.13s 时达到峰值 12.59MPa，之后便逐渐减小，并于 26.50s 时降至最小值 0.11MPa，在这之前水力裂缝已扩展至微裂缝中点(O 点)。因此，水压力作用点裂缝宽度的减小并非流体注水压力降低导致的，而是水力裂缝穿过微裂缝后，部分流体流入微裂缝系统，从而削弱了流体在水力裂缝中产生的孔隙压力，最终导致水力裂缝宽度在一定程度上减小。

　　不同时刻微裂缝沿程各点裂缝宽度如图 5.47 所示。

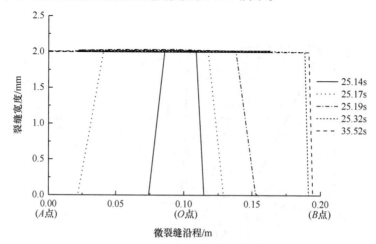

图 5.47　不同时刻微裂缝沿程各点裂缝宽度

从图 5.47 可以看出，在 25.14s 时，微裂缝沿程 0.08～0.1m 出现了约 2mm 的裂缝宽度，说明此时微裂缝在交叉点 O 点发生启裂，进一步验证了水力裂缝宽度减小的原因。同时，由于 OA 段相比 OB 段更加贴合水力裂缝的扩展方向，遵循裂缝向阻力最小路径传播原则，当流体进入微裂缝系统后，OA 段相比 OB 段更容易开裂。因此，微裂缝初始启裂位置位于 $0～0.1\mathrm{m}(OA$ 段)，并且随着时间的推移，微裂缝会向两端逐渐扩展，而同一时刻 OA 段开裂程度要明显大于 OB 段开裂程度，从 25.32～35.52s，除 OB 段尖端处裂缝宽度为 0mm，微裂缝其余部分已完全开裂，最终裂缝宽度约为 2mm。

为了研究水力裂缝沿程各点裂缝宽度与孔隙压力、应力之间的关系，微裂缝启裂后(25.19s)水力裂缝沿程各点孔隙压力、应力与裂缝宽度分别如图 5.48 及图 5.49 所示。

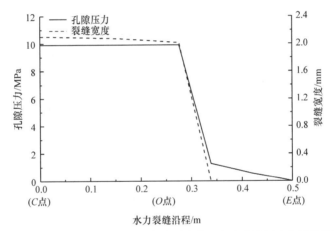

图 5.48　微裂缝启裂后(25.19s)水力裂缝沿程各点孔隙压力与裂缝宽度

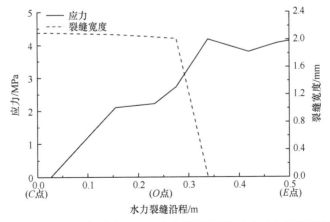

图 5.49　微裂缝启裂后(25.19s)水力裂缝沿程各点应力与裂缝宽度

从图 5.48 可以看出，水力裂缝沿程各点孔隙压力及裂缝宽度会逐渐减小，但在 0.26~0.34m 处存在较大转折，这是部分流体转入微裂缝系统造成的。同时，裂缝起始处(C 点)裂缝张开幅度较大，从而导致周围单元被压缩，其节点孔隙压力也随之增大，而 0.34m 处之后各点的裂缝宽度均为 0mm，但其孔隙压力仍存在，证明了水力裂缝的开裂会导致混凝土面板整体应力分布发生变化。从图 5.49 可以看出，水力裂缝沿程各点应力会逐渐变大，并且在裂缝尖端处出现应力集中现象，符合实际规律。

2) 混凝土面板边界不同应力场对初始裂缝启裂及扩展的影响

图 5.50 为不同边界应力场下水压力作用点孔隙压力历时曲线。图 5.51 为不同边界应力场下水力裂缝沿程各点最终裂缝宽度。

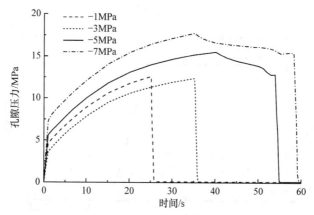

图 5.50　不同边界应力场下水压力作用点孔隙压力历时曲线

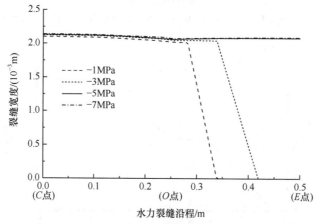

图 5.51　不同边界应力场下水力裂缝沿程各点最终裂缝宽度

从图 5.50 可以看出，流体注入水力裂缝前期，不同边界应力场条件下注入点孔隙压力增长过程基本一致，均呈线性增加趋势。并且边界应力场越大，阻碍水力裂缝启裂的阻力就越大，水力裂缝也就越难以启裂，此时就需要注入更多的流体以增大裂缝尖端的应力，从而导致水压力注入点孔隙压力也随之增大。结合图 5.51 可以看出，注入流体越多，水力裂缝周围单元承受的压力就越大，水力裂缝张开的幅度也就越大，并且当边界应力场达到一定程度时，水力裂缝会完全贯穿。

5.4　静水压力作用下含初始裂缝混凝土轴压试验

混凝土面板内部初始裂缝的存在轻则导致堆石坝发生渗漏，重则影响面板堆石坝的正常运行和整体安全。因此，为了更加直观、形象地解释含不同初始裂缝混凝土面板在静水压力下的轴压力学性能和破坏形态，通过室内试验针对混凝土内初始裂缝的扩展规律和过程进行分析研究，进一步阐述水工混凝土的破坏机理。

5.4.1　试验设计

1. 试验方案

在水利工程中，裂缝会影响水工建筑物的防水性能，但裂缝宽度仅有 0.1～0.2mm 时，只会有轻微渗水，但当裂缝宽度超过 0.2～0.3mm，渗水量将因裂缝宽度的增大呈几何倍数的增加。混凝土面板中的贯穿裂缝会切断面板结构断面，破坏结构的整体性、稳定性、耐久性和防水性等，从而影响面板堆石坝的正常使用，产生严重危害。因此，应竭尽一切可能杜绝混凝土面板中贯穿裂缝的产生。

通常认为 10m 的水深会产生 0.1MPa 的静水压力，随着时代发展及筑坝技术的完善，混凝土面板堆石坝的建造已开始向坝高 300m 量级迈进，届时混凝土面板堆石坝所承受的静水压力会达到 3～4MPa。同时，因为混凝土面板会受到静水压力、堆石体不均沉降等多种因素的影响，所以其表面裂缝的方向、形状也不尽相同。为了全面了解不同水深条件下，不同裂缝倾角对水工混凝土力学特性及裂缝开展过程的影响，本小节采用单轴试验结合三轴试验的方法，通过对混凝土试件分别施加 0MPa、2MPa、4MPa 的围压以模拟静水压力作用，并采用预埋金属条的方法制备具有初始裂缝的圆柱体混凝土试件，初始裂缝宽度为 0.1mm，长度为 20mm，倾角 α 分别为 0°、45°、60° 和 90°。含初始裂缝混凝土轴压试验方案如表 5.8 所示。

表 5.8　含初始裂缝混凝土轴压试验方案

试验号	编号	初始裂缝长度/mm	初始裂缝倾角/(°)	静水压力/MPa
1	BZ	—	—	0
2	D0-20	20	0	0
3	D45-20	20	45	0
4	D60-20	20	60	0
5	D90-20	20	90	0
6	BZ	—	—	2
7	D0-20	20	0	2
8	D45-20	20	45	2
9	D60-20	20	60	2
10	D90-20	20	90	2
11	BZ	—	—	4
12	D0-20	20	0	4
13	D45-20	20	45	4
14	D60-20	20	60	4
15	D90-20	20	90	4

注：BZ 表示无初始裂缝的标准试件；D45-20，D 表示单裂缝，45 表示初始裂缝倾角为 45°，20 表示裂缝长度为 20mm。每组采用 3 个试件分别进行试验，共需 45 个试件。

2. 试验材料及试件成型过程

采用圆柱体试件进行试验，试件尺寸为 50mm× 100mm(直径×高)，如图 5.52 所示。试件中部预制有厚度为 0.1mm，长度为 20mm，倾角为 α 的贯穿裂缝。

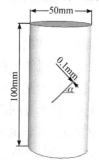

图 5.52　圆柱体试件示意图

水泥：采用 P.O42.5 普通硅酸盐水泥，其各项指标均符合规范要求；砂：采用中国标准砂，二氧化硅含量大于 96%，规格为 0.5～1.0mm，烧失量不超过 0.40%，含泥量不超过 0.20%；水：采用西安市自来水。单个试件原材料配比见表 5.9，完整圆柱体试件各项力学性能参数见表 5.10。

表 5.9　单个试件原材料配比

水灰比	用水量/mL	水泥用量/g	砂用量/g
0.625	400	250	1600

表 5.10　完整圆柱体试件各项力学性能参数

密度/(kg/m³)	弹性模量/MPa	泊松比	抗压强度/MPa	抗拉强度/MPa
2358	25218	0.2	30.43	2.97

试件成型过程：首先对模具内表面及预埋金属条表面刷油，并进行组装；然后依据规范《水泥胶砂强度检验方法》[22]对试验拌和料进行搅拌，搅拌结束后立即将拌和料分两层装入试模，第一层装完后抹平，并将试模放在振动台上振实60s，紧接着装入第二层，再振实 60s 后，用金属直尺将超过试模部分的胶砂刮去并抹平试体；试件在室内静置 24h 后拆模，并立即将试件放置在具有一定温度和湿度的标准养护箱内养护 28d，从而制成含不同初始裂缝倾角的混凝土圆柱体试件。

3. 试验设备及试验过程

采用图 2.16 所示的 TAW-2000 岩石三轴试验机对混凝土试件施加轴向和围压荷载，岩石三轴试验机参数如表 5.11 所示。试验过程如下：

(1) 擦干试样，根据试样的直径选择上压块和下压块，摆正并用伸缩胶带固定，然后安装轴向引伸计和径向引伸计。

(2) 开启全数字控制器，将试件安装并固定在 TAW-2000 岩石三轴试验机压力室底座上，放下围压桶，调试送、回油阀门。

(3) 打开电脑操控页面，采用100N/s的速度增加围压至预先设定的静水压力。

(4)为了保证试验数据记录的准确性和合理性,设置 2kN 的接触应力施加到试件轴向，进行预加载，从而使得试验机与试件相接触。

(5) 采用变形控制的加载方式进行加载，移动速度为 1mm/min，目标值为1mm。

表 5.11　岩石三轴试验机参数

最大轴向力	试验力精度	试验力分辨率	最大围压	围压精度	围压分辨率
2000kN	±1%	1/180000	100MPa	±2%	1/180000

5.4.2　混凝土试件应力-应变曲线分析

图 5.53 为不同静水压力下含不同初始裂缝倾角混凝土试件的应力-应变关系曲线。

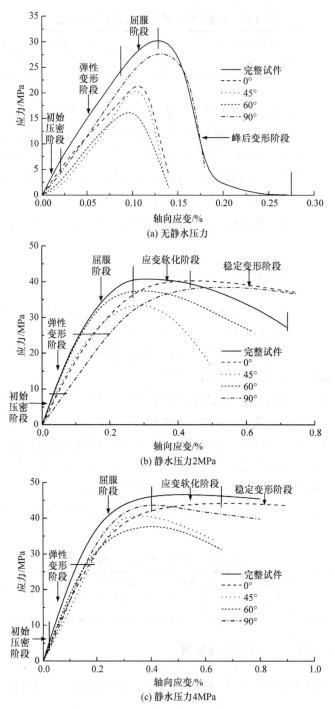

图 5.53　不同静水压力下含不同初始裂缝倾角混凝土试件的应力 应变关系曲线

从图 5.53(a)可以看出，无静水压力条件下，各混凝土试件应力-应变关系曲线规律基本一致。以完整试件为例，其应力-应变关系曲线包括四个阶段：初始压密阶段、弹性变形阶段、屈服阶段和峰后变形阶段。在初始压密阶段，随着应力增加，混凝土试件内部的孔隙和微小裂缝逐渐被挤压密实，此时应力水平随应变增长较慢，此阶段应力-应变关系曲线呈非线性变化；随着应力进一步增长，混凝土试件应力变形转为弹性变形，此时，混凝土试件轴向变形符合广义胡克定律，且曲线斜率即为混凝土试件平均弹性模量；而当混凝土试件变形进入屈服阶段，混凝土试件轴向变形由线性增长转为非线性增长，由于轴向应力的不断增大，此时微裂缝尖端的集中应力会超过混凝土试件的启裂应力，使翼形裂纹的产生及扩展，并相互贯通，最终使混凝土试件发生破坏；在峰后变形阶段，试件的变形主要为混凝土沿剪切面的滑动变形，并表现出明显的脆性特征。含初始裂缝混凝土试件中预制裂缝的存在，以及裂缝倾角的不同，导致混凝土试件存在不同程度的初始损伤，因此与完整混凝土试件应力-应变曲线相比，除含 90°初始裂缝混凝土试件的应力-应变关系曲线与其较为接近，其余试件应力-应变关系曲线变化会随着裂缝倾角增大而逐渐变缓。

从图 5.53(b)和(c)可以看出，在静水压力 2MPa 和 4MPa 下，混凝土试件应力-应变关系曲线的峰前阶段同样由初始压密阶段、弹性变形阶段和屈服阶段组成，但随着静水压力的增大，初始压密阶段和弹性变形阶段持续时间逐渐缩短，而屈服阶段持续时间逐渐增长。在峰后变形阶段，混凝土试件的变形仍以混凝土沿剪切面的滑动变形为主，虽然此时混凝土试件已呈现出一定的破坏特征，但仍具备一定的承载能力。同时，混凝土试件峰后变形阶段可分为应变软化阶段和稳定变形阶段。在应变软化阶段，随着应变的增加，含初始裂缝混凝土试件的应力会逐渐减小，而由于静水压力的作用，当混凝土试件应力减小至一定程度后，尽管试件应变还在持续增长，但应力不再减小，此时认为混凝土试件进入稳定变形阶段。同时，当混凝土试件承受 2MPa 静水压力作用时，其峰后变形呈现出明显的应变软化特性，但受不同预制裂缝倾角的影响，各组混凝土试件在应变软化阶段的应力下降速率各有不同，主要表现为：相比于含 0°、90°裂缝的试件，其他倾斜角度裂缝试件在应变软化阶段应力的下降速率更快。当混凝土试件承受 4MPa 静水压力作用时，随着应变的增加，混凝土试件应力发展较为平稳，此时，混凝土试件的峰后变形呈现出显著的塑性特性。同样，受裂缝倾角的影响，完整试件及含 0°、90°裂缝试件的峰后强度基本保持不变，而含裂缝倾角试件的峰后强度会出现一定下降趋势，但下降速率较慢。

5.4.3　混凝土试件峰值强度分析

进一步分析不同静水压力及裂缝倾角下混凝土试件的峰值强度变化特性，如

表 5.12 及图 5.54 所示。表 5.12 给出了不同初始裂缝倾角和静水压力下混凝土峰值强度，图 5.54 为含不同裂缝倾角试件峰值强度-静水压力曲线。

表 5.12　不同初始裂缝倾角和静水压力下混凝土峰值强度

初始裂缝倾角/(°)	静水压力/MPa				
	0	2		4	
	峰值强度/MPa	峰值强度/MPa	增长率/%	峰值强度/MPa	增长率/%
完整试件	30.43	41.22	35	45.43	10
0	21.57	38.01	76	43.79	15
45	20.17	36.38	80	41.35	14
60	16.04	31.26	95	38.09	22
90	26.95	40.69	51	44.27	9

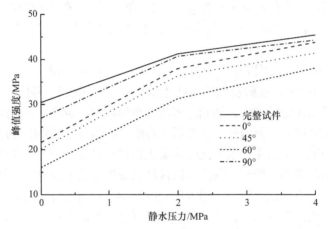

图 5.54　含不同裂缝倾角试件峰值强度-静水压力曲线

从表 5.12 和图 5.54 可以看出，随着静水压力的增大，含不同裂缝倾角混凝土试件的峰值强度会出现不同程度的上升。当静水压力由 0MPa 上升至 2MPa，混凝土试件峰值强度的增加幅度均较大，并且含初始裂缝混凝土试件峰值强度的增长率明显大于完整试件，其中完整试件峰值强度的增长率仅为 35%，而含 60°初始裂缝倾角混凝土试件的峰值强度增长率高达 95%；当静水压力由 2MPa 上升至 4MPa，混凝土试件峰值强度的增长幅度相比前一阶段大幅减弱，此时，完整混凝土试件峰值强度的增长率(10%)超过了含 90°初始裂缝倾角混凝土试件峰值强度的增长率(9%)，但仍远低于含 60°初始裂缝倾角混凝土试件峰值强度的增长率(22%)。整体而言，混凝土试件的峰值强度会随着静水压力的增大呈匀速增长的趋势。

同时,裂缝倾角对混凝土试件的峰值强度也有较大影响。在相同静水压力下,含初始裂缝混凝土试件的峰值强度均低于完整混凝土试件的峰值强度。从表 5.12可以看出,在不同静水压力下,各组混凝土试件峰值强度由大到小依次为:完整混凝土试件、含 90°初始裂缝倾角混凝土试件、含 0°初始裂缝倾角混凝土试件、含 45°初始裂缝倾角混凝土试件、含 60°初始裂缝倾角混凝土试件。同时,含 90°初始裂缝倾角混凝土试件和完整试件的峰值强度相差不大,由此说明竖直初始裂缝的存在对混凝土抗压强度的影响较小,而倾斜初始裂缝对混凝土强度的影响要明显大于水平和竖直裂缝,并且裂缝倾角越大,初始裂缝对混凝土试件峰值强度的损伤率越大。

5.4.4 混凝土试件应变软化性能分析

应变软化是混凝土在遭受最大荷载作用后承载能力损失的表现,通常可采用混凝土峰后弹性模量表征。当软化曲线较陡时,甚至显示出变形与应力同步减少特征(急速返回性能),此时则可认为混凝土试件呈脆性;相反,当峰后弹性模量曲线逐渐平行于应变轴时,则可认为混凝土试件呈韧性。为此,本小节进一步探究不同静水压力及裂缝倾角下混凝土试件应变软化后的峰后弹性模量变化,如表 5.13及图 5.55 所示。表 5.13 给出了不同初始裂缝倾角和静水压力下混凝土应变软化后的峰后弹性模量,图 5.55 为含不同裂缝倾角试件峰后弹性模量-静水压力曲线。

表 5.13 不同初始裂缝倾角和静水压力下混凝土应变软化后的峰后弹性模量

| 初始裂缝倾角/(°) | 静水压力/MPa | | | | |
| | 0 | 2 | | 4 | |
	峰后弹性模量/GPa	峰后弹性模量/GPa	减小率/%	峰后弹性模量/GPa	减小率/%
完整试件	2.74	0.60	−78	0.13	−78
0	2.46	0.35	−86	0.21	−40
45	2.51	0.71	−72	0.58	−18
60	1.94	1.19	−39	0.87	−27
90	2.63	0.39	−85	0.10	−74

从表 5.13 和图 5.55 可以看出,含不同初始裂缝倾角混凝土应变软化后的弹性模量均会随着静水压力的增大而减小,但减小率略有不同。静水压力为 0MPa 条件下,混凝土试件的峰后弹性模量最大,此时试件破坏形态以脆性破坏为主;当静水压力由 0MPa 上升至 2MPa 时,混凝土试件的峰后弹性模量会显著减小,同时混凝土试件的塑性变形也随之增大,其中完整试件峰后弹性模量的减小率为 78%,而含 60°初始裂缝倾角混凝土试件峰后弹性模量的减小率仅为 39%;当静

水压力由 2MPa 上升至 4MPa 时，完整混凝土试件的峰后弹性模量进一步减小了78%，而含 60°初始裂缝倾角混凝土试件仅减小了 27%。由此可知，随着静水压力的增大，含初始裂缝混凝土试件的峰后弹性模量的减小率会逐渐降低，而完整混凝土试件峰后弹性模量的减小率基本保持一致，但最终均趋于稳定变形状态。整体而言，静水压力的增大会放大含初始裂缝混凝土试件的塑性变形。

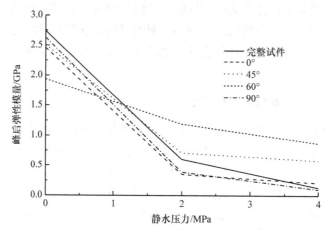

图 5.55　含不同裂缝倾角试件峰后弹性模量-静水压力曲线

从裂缝倾角分析，无论混凝土试件仅承受单轴压应力作用，还是同时考虑静水压力的多轴应力作用，其力学性能及破坏形态均会受到初始裂缝及其倾角的影响。混凝土在经历应变软化之后，其裂缝尖端会出现应力集中现象，当裂缝尖端拉应力超过混凝土试件抗拉强度时，混凝土试件会立即发生脆性破坏，或受到静水压力的影响，各混凝土试件变形在经历应变软化后会逐渐趋于平稳。而相比于完整试件峰后弹性模量的减小率(78%)，含 60°初始裂缝倾角混凝土试件在静水压力由 0MPa 升至 2MPa 时，其峰后弹性模量的减小率仅为 39%，含 45°初始裂缝倾角混凝土试件在静水压力由 2MPa 升至 4MPa 时，其峰后弹性模量的减小率仅为 18%。由此可见，初始裂缝倾角对混凝土试件峰后弹性模量的影响是不可忽视的；同时，水平、竖直初始裂缝对混凝土试件峰后弹性模量的影响比倾斜初始裂缝更加显著。

5.4.5　混凝土破坏形态及裂缝扩展规律分析

1. 预制裂缝启裂破坏模式

混凝土试件在轴压和水压共同作用下的破坏模式通常分为三种：①压裂破坏，即在荷载作用下，混凝土试件两端会出现大量平行于最大主应力方向的压裂纹，随着压裂(纹)的扩展及相互贯通，最终导致混凝土发生压裂破坏；②斜面剪切破坏，即混凝土试件会沿与最大主应力呈 $(45°+\alpha/2)$ 夹角的方向产生剪切裂纹，剪切裂纹相互贯通并最终导致混凝土发生剪切破坏；③鼓胀破坏，即当混凝土试件发生鼓胀破坏时，其外表面未有明显的宏观裂缝，且试件呈现出中间大，两边小的"腰鼓形"破坏形态[23]。

　　预制裂缝尖端主要裂纹形态示意图如图 5.56 所示，预制裂缝尖端的裂纹可分为翼形裂纹和次生裂纹两种，翼形裂纹启裂后会沿着沿平行于最大主应力的方向发生扩展，而次生裂纹启裂后会顺着预制裂缝方向或垂直预制裂缝的方向发生扩展。

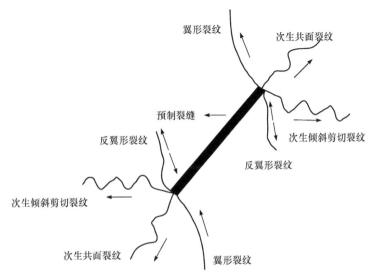

图 5.56　预制裂缝尖端主要裂纹形态示意图[23]

　　静水压力下含初始裂缝混凝土试件受压剪裂缝模型如图 5.57 所示。通常，可将裂缝尖端视为曲率半径为 ρ 的半圆。图 5.58 为裂缝受力状态图。

　　由断裂力学理论可知，裂缝尖端会出现应力集中现象，且在闭合前不会出现应力奇异问题，因此需通过裂缝边界应力的分布情况来判断裂缝是否开裂[25]。当远场压主应力 (σ_1, σ_3) 已知时，任意斜面的表面应力均可通过式(5.43)所示的平衡方程求得：

$$
\begin{cases}
\sigma_N = \dfrac{1}{2}\Big[(\sigma_1+\sigma_3)+(\sigma_1-\sigma_3)\cos(2\alpha)\Big]-p \\[2mm]
\sigma_T = \dfrac{1}{2}\Big[(\sigma_1+\sigma_3)-(\sigma_1-\sigma_3)\cos(2\alpha)\Big]-p \\[2mm]
\tau = \dfrac{1}{2}(\sigma_1-\sigma_3)\sin(2\alpha)
\end{cases}
\tag{5.43}
$$

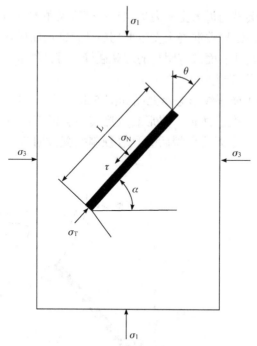

图 5.57 静水压力下含初始裂缝试件受压剪裂缝模型[24]

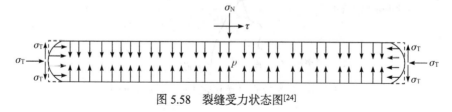

图 5.58 裂缝受力状态图[24]

式中，σ_N——垂直于裂缝表面的法向正应力；

$\quad\quad\sigma_T$——裂缝尖端垂直方向的应力；

$\quad\quad\tau$——为裂缝表面的切应力；

$\quad\quad\alpha$——裂缝与 σ_3 方向的夹角；

$\quad\quad p$——裂缝内部水压力。

其中，$\sigma_3 = \lambda\sigma_1$，$0 \leqslant \lambda \leqslant 1$。

法向正应力 σ_N 在裂缝表面产生的 I 型裂缝应力强度因子 K_I^N 解析式为

$$K_I^N = -\sigma_N\sqrt{\pi\alpha} = -\left\{\frac{1}{2}[(\sigma_1 + \sigma_3) + (\sigma_1 - \sigma_3)\cos(2\alpha)] - p\right\}\sqrt{\pi\alpha} \quad (5.44)$$

裂缝垂直向应力 σ_T 会对预制裂缝边缘起到拉伸作用，拉应力最大值位于裂缝尖端切向[26]，等于裂缝尖端垂直方向的应力如图 5.58 所示，则切向拉应力在裂缝

尖端产生的 I 型裂缝应力强度因子 K_I^T 解析式为

$$K_I^T = \sigma_T \sqrt{\rho L/2} \sqrt{\pi \alpha} = -\left\{ \frac{1}{2}[(\sigma_1 + \sigma_3) + (\sigma_1 - \sigma_3)\cos(2\alpha)] - p \right\} \sqrt{\rho L/2} \sqrt{\pi \alpha} \quad (5.45)$$

式中，L——裂缝长度；

　　　θ——裂缝启裂角度。

由文献[27]可知，I 型裂缝应力强度因子为 $K_I = K_I^T + K_I^N$，依据式(5.44)和式(5.45)可以看出，法向正应力 σ_N 对初始裂缝的扩展起抑制作用，而切向拉应力 σ_T 对初始裂缝的扩展起促进作用。同时，初始裂缝的扩展过程也受裂缝尖端曲率半径、裂缝内部水压力和圆周角等众多因素的影响。

根据断裂损伤力学，II 型裂缝应力强度因子可表示为

$$K_{II} = -\tau \sqrt{\pi a} = \frac{1}{2}\sqrt{\pi a}(\sigma_1 - \sigma_3)\sin(2\alpha) \quad (5.46)$$

2. 各组混凝土试件破坏形态分析

表 5.14 展示了不同静水压力下含不同初始裂缝倾角混凝土试件的破坏形态。

表 5.14　不同静水压力下含不同初始裂缝倾角混凝土试件的破坏形态

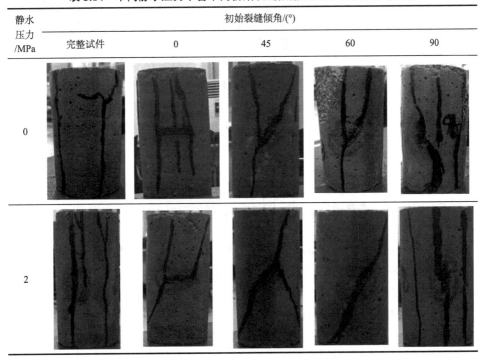

静水压力/MPa	初始裂缝倾角/(°)				
	完整试件	0	45	60	90
0					
2					

续表

静水压力/MPa	初始裂缝倾角/(°)				
	完整试件	0	45	60	90
4					

从表 5.14 可以看出，完整混凝土试件在静水压力为 0MPa 和 2MPa 作用下的破坏形态主要为压裂破坏，试件表面裂缝多平行于最大主应力方向，并形成贯通的破坏面致使试件发生破坏；而当试件周围静水压力为 4MPa 时，侧向水压力会对混凝土试件形成一定的握裹力，随着轴向应力水平增大，混凝土试件右上侧优先出现了相对密集的裂纹集中区，然后沿试件轴向逐渐形成由右上侧向左下侧的完整剪切破坏面，并最终导致混凝土试件发生剪切破坏。

对于含 0°初始裂缝倾角的混凝土试件，在无静水压力作用下，其预制裂缝两端同时产生了翼形裂纹，并沿着最大主应力方向朝试件上下两端扩展，最终形成贯通的"H"形破坏面；同时，混凝土试件中部也有翼形裂纹的产生，并同样沿着最大主应力方向朝试件两端扩展。在 2MPa 静水压力作用下，预制裂缝左端优先出现了翼形裂纹，并沿着与最大主应力方向呈 25°夹角的方向朝试件两端扩展；当扩展至试件上端 1/4 处时，其扩展方向发生了轻微偏转，此时，预制裂缝右端也产生了翼形裂纹，且扩展方向与裂缝左端翼形裂纹的扩展方向基本一致，但预制裂缝右端翼形裂纹并未向混凝土试件下部发生扩展。因此，混凝土试件左侧形成的贯通破坏面是导致混凝土试件发生剪切破坏的主要原因。类似的，在 4MPa 静水压力作用下，随着预制裂缝左侧翼形裂纹的产生、扩展以及贯通，最终混凝土试件发生了剪切破坏。

对于含 45°初始裂缝倾角的混凝土试件，在无静水压力作用下，随着轴向荷载的增大，混凝土试件预制裂缝两端先后出现翼形裂纹，并分别沿着最大主应力方向朝试件两端和上端扩展，最终形成"Y"形的贯通剪切面，从而导致试件发生破坏。在 2MPa 静水压力作用下，混凝土试件预制裂缝左端产生了次生共面裂纹，右端形成了上下两条反向扩展的翼形裂纹，最终预制裂缝左端的次生共面裂纹和右端向上扩展的翼形裂纹相互贯通，从而形成破坏面并导致混凝土试件发生剪切破坏。在 4MPa 静水压力作用下，混凝土试件两端先后出现翼形裂纹，并随着轴向荷载的增大分别延伸至试件上下两端 1/5 处；同时，在预制裂缝两端可明显观察到与第二主应力方向平行的横向次生共面裂纹；最终，翼形裂纹与预制裂缝相互贯通导致混凝土试件发生剪切破坏。

对于含 60°初始裂缝倾角的混凝土试件，其在无静水压力作用下的破坏形式和破坏形态与含 45°初始裂缝倾角的混凝土试件相似。而在 2MPa 及 4MPa 静水压力作用下，混凝土试件预制裂缝两端同时出现翼形裂纹，并沿着倾角方向向试件两端扩展；最终，翼形裂纹与预制裂缝形成贯通的破坏面，并导致混凝土试件发生剪切破坏。

对于含 90°初始裂缝倾角的混凝土试件，其在无静水压力作用下的破坏形式以压裂破坏为主，预制裂缝两端先后出现翼形裂纹，并分别沿着最大主应力方向延伸至试件上下两端；同时，翼形裂纹沿着最大主应力垂直方向发生偏转，进而形成 "S" 形破坏面，并导致混凝土试件发生压裂破坏。在 2MPa 静水压力作用下，混凝土试件的破坏是鼓胀破坏和压裂破坏共同作用的结果，随着轴向荷载水平增大，混凝土试件中部出现了明显的鼓胀，其径向位移也迅速增大；随后，预制裂缝两端先后产生翼形裂纹，并沿着最大主应力方向发生扩展，最终形成贯通的破坏面并导致混凝土试件发生破坏。在 4MPa 静水压力作用下，混凝土试件的破坏形态比较复杂，首先，预制裂缝中部和下部出现翼形裂纹，并且随着轴向荷载水平的增大，下部翼形裂纹发生了 45°偏转并扩展至试件底部，而中部的翼形裂纹自形成后一直扩展至试件上端；与此同时，试件的径向位移不断增大，在中部翼形裂纹扩展过程中出现了平行于第二主应力方向的次生共面裂纹；最终环向连接形成贯通的破坏面，并且在次生共面裂纹的周围出现了压剪裂纹。由此可见，含 90°初始裂缝倾角混凝土试件在 4MPa 静水压力作用下的破坏形态是压裂破坏、斜面剪切破坏和鼓胀破坏三种破坏模式共同作用的结果。

综上所述，随着静水压力的增大，含初始裂缝混凝土的破坏状态逐渐由脆性破坏向塑性破坏转变，并且受裂缝宽度的影响，静水压力会对混凝土试件的强度和破坏模式起到一定的促进作用。

5.5　本 章 小 结

本章以裂缝尖端应力场应力强度因子 K_I 反映裂缝尖端应力，基于线弹性断裂力学原理，比较了不同计算方法、裂缝深度和网格密度对面板裂缝尖端 K_I 的影响，确定了合理的网格密度和计算方法。研究结果表明，采用 XFEM 计算面板裂缝应力强度因子较围线积分法结果更接近理论解，验证了 XFEM 计算静态裂缝的合理性；同时，鉴于混凝土面板的结构特点，导致有限边界易对周围的裂缝尖端应力场产生一定的影响，有限元网格在厚度和裂缝线的方向划分太过粗糙、裂缝与厚度的比值过大或过小都会造成结果产生一定误差，因此在研究时应考虑加密厚度和裂缝线方向的网格，从而使计算结果更为精确；给混凝土面板布置分布钢筋后，面板结构受力主要集中在钢筋上，钢筋离裂缝尖端较近时可以有效改善裂缝尖端的应力。

采用 XFEM 模拟了二维混凝土面板内不同初始裂缝倾角的开裂情况及多条初始裂缝的相互干扰作用，较为真实地反映了裂缝在水压力作用下的应力变化特性，以及多条裂缝之间的干扰作用，验证了裂缝会趋于混凝土强度最低、抗力最小部位发展的基本规律；并采用 cohesive 单元模拟了混凝土面板的水力裂缝与微裂缝的相交现象。结果表明，当水力裂缝靠近微裂缝时，水力裂缝尖端会出现短暂的应力集中，若微裂缝断裂强度小于水力裂缝尖端应力，则水力裂缝会穿过微裂缝继续向前传播，同时部分流体会转入微裂缝系统，从而削弱了流体在水力裂缝中产生的孔隙压力。

最后，通过轴压力学试验，结合试件的受荷状态和表观现象，研究了在静水压力作用下不同初始裂缝倾角的混凝土试件裂缝扩展规律，进一步阐述混凝土的破坏形态及机理。结果表明，随着静水压力的增大，含不同初始裂缝倾角混凝土试件峰值强度增长率呈大后小的规律，并且竖直裂缝对混凝土强度的影响较小，而倾斜裂缝对混凝土强度的影响明显大于水平和竖直裂缝；同时，静水压力的增大会使含初始裂缝混凝土试件峰后塑性特征更为明显，但由于裂缝倾角的影响，试件应变软后的峰后弹性模量变化率各有不同；在静水压力作用下，含不同初始裂缝倾角混凝土试件受压后的破坏形态及裂缝扩展形态也不尽相同，主要为压裂破坏和斜面剪切破坏，并且随着静水压力的增大，裂缝的扩展形态逐渐由Ⅰ型裂缝过渡到Ⅱ型裂缝，甚至出现Ⅰ-Ⅱ复合型裂缝。

参 考 文 献

[1] GRIFFITH A A. The theory of rupture[C]. Proceedings of the First International Congress on Applied Mechanics, Delft, Netherlands, 1924: 55-63.

[2] IRWIN G R. Analysis of stresses and strains near the end of a crack transversing a plate[J]. Journal of Applied Mechanics, 1957, 24: 361-364.

[3] OROWAN E. Fracture and strength of solids[J]. Reports on Progress in Physics, 1949, 12: 185-232.

[4] WILLIAMS M L. The stresses around a fault or crack in dissimilar media[J]. Bulletin of the Seismological Society of America, 1959, 49(2): 199-204.

[5] 李亮. 混凝土结构裂缝萌生开展的扩展有限元分析[D]. 重庆: 重庆交通大学, 2014.

[6] 范天佑. 断裂理论基础[M]. 北京: 科学出版社, 2003.

[7] 工敏. 基于扩展有限元法的平板模型裂纹扩展研究[D]. 大连: 大连理工大学, 2011.

[8] 严明星. 基于扩展有限元法的沥青混合料开裂特性研究[D]. 大连:大连海事大学, 2012.

[9] 中国航空研究院. 应力强度因子手册[M]. 北京: 科学出版社, 1981.

[10] 涂周杰. 表面裂纹疲劳扩展和应力强度因子研究[D]. 武汉: 华中科技大学, 2006.

[11] 王德法, 高小云, 师俊平. 三维固体问题中 M 积分与总势能变化关系的研究[J]. 水利与建筑工程学报, 2009, 7(1): 36-38.

[12] 茹忠亮, 申崴. 扩展有限元法求解应力强度因子[J]. 河南理工大学学报(自然科学版), 2012, 31(4): 459-463.

[13] 杨晓翔, 范家齐, 匡震邦. 求解混合型裂纹应力强度因子的围线积分法[J]. 计算结构力学及其应用, 1996, 13(1): 84-89.

[14] 王璟. 基于扩展有限元法的混凝土面板开裂研究[D]. 西安: 西安理工大学, 2018.

[15] 李炎隆, 涂幸, 王海生, 等. 混凝土面板堆石坝面板应力变形仿真计算[J]. 西北农林科技大学学报(自然科学版), 2014, 42(9): 211-218.

[16] 吴雷泽, 李远照, 刘龙, 等. 大安寨介壳灰岩力学参数特征及水力压裂物理模拟研究[J]. 土工基础, 2015, 29(6): 48-53.

[17] 王磊, 杨春和, 郭印同, 等. 基于室内水力压裂试验的水平井起裂模式研究[J]. 岩石力学与工程学报, 2015, 34(S2): 3624-3632.

[18] 王鸿勋, 张士诚. 水力压裂设计数值计算方法[M]. 北京: 石油工业出版社, 1998.

[19] 王瀚. 水力压裂垂直裂缝形态及缝高控制数值模拟研究[D]. 合肥: 中国科学技术大学, 2013.

[20] 张然, 李根生, 赵志红, 等. 压裂中水力裂缝穿过天然裂缝判断准则[J]. 岩土工程学报, 2014, 36(3): 585-588.

[21] 马伊岷, 黄应胤, 靳谋. 公伯峡水电站面板混凝土配合比试验研究及应用[J]. 水力发电, 2004, 30(8):43-45.

[22] 国家质量技术监督局. 水泥胶砂强度检验方法: GB/T 17671—1999 [S]. 北京: 中国标准出版社, 1999.

[23] 蒲诚. 非贯通裂隙岩体峰后力学特性及其本构关系研究[D]. 西安: 西安理工大学, 2018.

[24] 谢雅娟, 虞松, 李邦祥, 等.含裂隙水预制平面裂隙的启裂理论与试验验证[J]. 山东大学学报(工学版), 2019, 49(4): 36-43.

[25] 李贺, 尹光志, 许江, 等. 岩石断裂力学[M]. 重庆: 重庆大学出版社, 1988.

[26] CHEN J H, LI Y L, WEN L F, et al. Experimental study on axial compression of concrete with initial crack under hydrostatic pressure[J]. KSCE Journal of Civil Engineering, 2020, 24(2): 612-623.

[27] 李夕兵, 贺显群, 陈红江. 渗透水压作用下类岩石材料张开型裂纹启裂特性研究[J]. 岩石力学与工程学报, 2012, 31(7): 1317-1324.

第6章　结论与展望

6.1　结　　论

本书通过混凝土徐变损伤试验分析了混凝土徐变损伤发展机理，构建了混凝土徐变损伤耦合模型，进而揭示了混凝土面板在长期蓄水作用下的应力变形及徐变损伤特性；构建了引入水化度及等效龄期的混凝土温度场和温度应力场计算模型，阐明了混凝土面板温度裂缝的发展过程；最后，通过数值模拟与室内试验相结合的方法，揭示了水压力作用下混凝土裂缝的发展规律。本书的结论主要包括以下几个方面。

(1) 分别采用冲击回波法及声发射法，检测了混凝土内部损伤的发展规律。结果表明，冲击回波法可用以检测混凝土内部损伤程度，但不能很好地测定荷载持续作用下混凝土内部的损伤变量，而声发射法检测的结果具有较好的规律性，可用于研究混凝土在荷载持续作用下的损伤特性。

(2) 采用了声发射技术和统计分析的方法，针对含不同初始损伤混凝土进行了基本力学试验研究，分析了声发射信号在混凝土受压破坏过程中的响应特征。结果表明，声发射过程的不可逆程度与材料在荷载持续作用下产生的损伤程度有关系，且在相同的荷载等级下，初始损伤会加剧混凝土内部的损伤程度。

(3) 基于声发射技术，针对含不同初始损伤的混凝土进行了为期 30d 的非线性徐变试验研究，根据试验数据和微观研究分析得到了声发射响应参数与非线性徐变之间的关系和机理。结果表明，高水平荷载持续作用下，混凝土的徐变呈现显著的非线性特征，主要是混凝土在受压过程中内部各组分之间的应变不相容和应力集中导致的局部受拉和微裂缝而引起的，论证了混凝土的非线性徐变是徐变与损伤共同作用的结果。

(4) 构建了考虑混凝土徐变损伤耦合作用的计算模型，确定了损伤变量 D 的演化方程，并进一步推求了复杂应力条件下，考虑徐变损伤耦合作用时混凝土应力增量与应变增量的关系。最终，通过试验结果论证了混凝土徐变损伤耦合模型的适用性。

(5) 为了探究不同水平荷载持续作用下混凝土徐变损伤的发展规律，开展了相应数值计算。计算结果表明，混凝土损伤的发展是应变能积累的结果，且损伤的增大会促进徐变的发展，进一步导致应变能的累积，验证了混凝土徐变的非线性行为是徐变损伤耦合作用的结果。

(6) 研究了某混凝土面板堆石坝运行期混凝土面板的应力变形及徐变损伤特性，分析了混凝土面板挠度、顺坡向应力及损伤的发展规律。结果表明，混凝土面板的应力变形特征会逐渐趋于平稳，但由于混凝土面板的服役期通常可达到数十年，而混凝土的损伤是一个不断累积的过程，并与混凝土的长期变形相互促进，仍需重点关注混凝土面板的长期性能。

(7) 对比分析了考虑与未考虑水化度及等效龄期影响的混凝土面板温度场及温度应力场发展规律。结果表明，同时考虑水化度及等效龄期的影响，并考虑热力学参数随温度的变化对于混凝土面板温度场及温度应力场的模拟更为合理。

(8) 基于 XFEM 探究了混凝土面板温度裂缝的扩展过程。结果表明，混凝土面板早期底部及中部会产生大于 1MPa 的温度拉应力，而混凝土浇筑初期抗拉强度偏低，易产生大量水平裂缝，严重影响混凝土面板的耐久性，从而直接威胁工程的安全。因此，在混凝土面板浇筑早期，需做好相应的温控措施。

(9) 基于线弹性断裂力学原理，研究了不同计算方法、裂缝深度、网格密度及布设钢筋对面板裂缝尖端强度因子 K_I 的影响。最终，确定了合理的网格密度及计算方法，并提出钢筋布设位置靠近裂缝尖端时可有效改善裂缝尖端应力分布。

(10) 采用 XFEM 模拟研究了二维混凝土面板内不同角度初始裂缝开裂情况及多条初始裂缝的相互干扰作用，验证了裂缝会趋于混凝土内强度最低、抗力最小部位扩展的基本规律；并采用 cohesive 单元模拟了混凝土面板的水力裂缝与微裂缝的相交现象。结果表明，水力裂缝靠近微裂缝时，水力裂缝尖端会出现短暂的应力集中现象，当微裂缝断裂强度小于水力裂缝尖端应力时，水力裂缝会穿过微裂缝继续向前传播，并且部分流体会转入微裂缝系统，从而削弱流体在水力裂缝中产生的孔隙压力。

(11) 开展了不同静水压力条件下的混凝土轴压力学试验，探究了混凝土内不同初始裂缝倾角的扩展规律及试件的破坏形态，揭示了静水压力作用下混凝土的破坏机理。结果表明，在初始裂缝倾角和静水压力的共同影响下，混凝土试件受压后的破坏形态及裂缝扩展形态各有不同，主要为压裂破坏和斜面剪切破坏，并且随着静水压力的增大，裂缝的扩展形态逐渐由 I 型裂缝过渡到 II 型裂缝，甚至出现 I-II 复合型裂缝。

6.2　展　　望

本书通过室内试验、理论分析及数值模拟相结合的方法，深入研究了混凝土面板的徐变损伤特性、混凝土面板早期温度裂缝的产生与扩展过程及水压力作用下混凝土面板裂缝扩展特性。从混凝土材料徐变损伤特性及混凝土面板结构损伤开裂行为出发，较为系统地揭示了面板堆石坝混凝土面板的损伤开裂机理。然而，混凝土面板损伤及开裂是一个复杂的非线性问题，由于理论和方法的局限性，尚无法完全揭示各种情况下混凝土面板的损伤开裂机理。本书的研究成果尚有不足，仍有必要进行深入研究。

(1) 当前针对混凝土面板损伤和开裂的研究一般仅考虑缝内水压或整体渗流场对结构应力、变形的作用及对裂缝扩展的影响。实际上，混凝土结构的应力状态、裂缝位置和形态又会改变结构的渗流场和缝内水压，渗流场与应力场之间的相互作用是不容忽视的。同时，温度荷载也是混凝土结构主要的荷载之一，温度变化会引起的膨胀或收缩效应对应力状态产生影响，应力不仅会引起内部孔隙率的变化，使材料导热性能发生改变，还会导致材料的损伤甚至破坏，改变材料的导热路径以及结构整体的导热能力。考虑温度-渗流-应力耦合过程，揭示混凝土面板损伤和开裂行为，有待进一步深入研究。

(2) 当前，面板堆石坝常修建在地震活动频繁且烈度较高的地区。从已建高面板堆石体变形和震陷量分析评价，在地震区建设 200m 级坝高面板堆石坝在技术上是可行的，但是随着地震烈度和水头的增大，面板堆石坝坝体、面板的应力和变形性态将不可避免地出现一些新特性。工程上迫切需要对强震时高面板坝防渗面板的工作特性，尤其是面板损伤和开裂机理进行系统研究，提出可以大幅度减小面板地震应力的工程措施。因此，混凝土面板动力损伤和开裂机理研究需要进一步深入完善。

(3) 经过近 50 年的探索研究，国内外超高面板堆石坝工程建设取得了不少宝贵经验，但目前仅达到半经验、半理论水平。我国面板堆石坝建设技术正面临向坝高 250m 及以上高度跨越发展的挑战。近期建设的超高面板堆石坝在取得成功经验的同时，较多的工程也出现了坝体变形偏大、面板挤压破坏和防渗体系破损等问题。高应力、高水头和复杂应力路径等情况引起的面板结破损问题已成为了影响工程安全的核心问题。揭示超高面板堆石坝面板破损机理，并提出改善面板结构损伤和开裂的措施是超高面板坝建设需要进一步解决的关键技术难题。

(4) 随着国家西部水电开发的不断深入，在高寒地区规划和兴建许多高混凝土面板坝。受到设计、施工及养护等方面因素的影响，混凝土面板出现开裂以及裂缝扩展几乎是不可避免，将严重影响结构的安全性和耐久性。高面板坝在高寒地区高水压和温度变化环境下运行，面板存在的损伤裂缝在冻融循环作用及高水头压力作用下会进一步扩展，甚至贯穿发展成为渗漏通道，进而威胁整个面板堆石坝结构安全，甚至溃坝，造成巨大的生命财产损失及经济损失。因此，研究冻融和荷载作用对混凝土劣化过程的影响，揭示高寒地区高混凝土面板堆石坝面板损伤和开裂过程也有待深入研究。

彩　　图

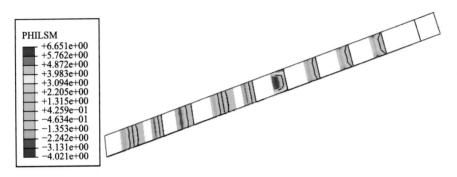

图 4.65　温度应力作用下混凝土面板裂缝平面分布图

PHILSM-描述裂缝面的位移函数，无量纲，裂缝处于 PHILSM 数值为零的位置

图 4.66　混凝土面板底部初始裂缝

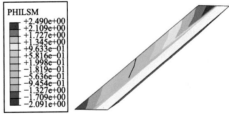

图 4.67　混凝土面板底部裂缝扩展过程

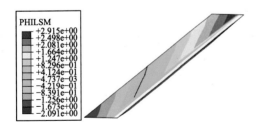

图 4.68　混凝土面板底部裂缝最终形态

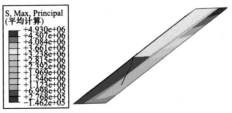

图 4.69　混凝土面板开裂后的最小主应力分布图(单位：Pa)

S, Max, Principal-由于 ABAQUS 中以拉应力为正，在此表示最小主应力

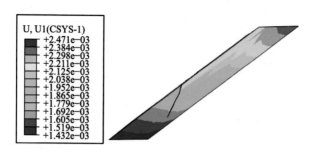

图 4.70　混凝土面板开裂后的顺坡向位移分布图(单位：m)

U, U1(CSYS-1)-自定义坐标轴 1 中 X 轴方向位移

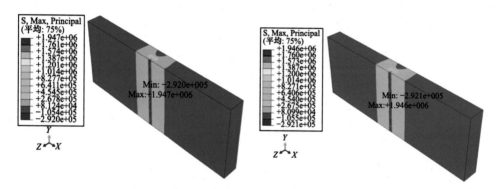

图 5.16　无分布钢筋时含初始裂缝混凝土面
板最小主应力分布图(单位：Pa)

图 5.17　布设单层双向分布钢筋时含初始裂
缝混凝土面板最小主应力分布图(单位：Pa)

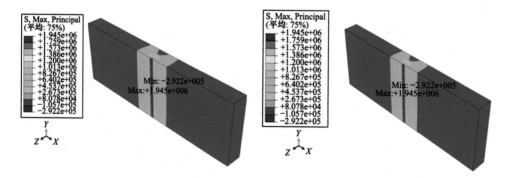

图 5.18　布设两层双向分布钢筋时含初始裂
缝混凝土面板最小主应力分布图(单位：Pa)

图 5.19　布设三层双向分布钢筋时含初始裂缝
混凝土面板最小主应力分布图(单位：Pa)

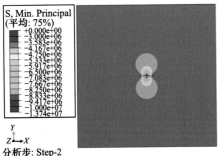
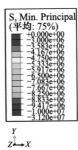
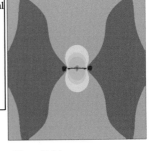

分析步: Step-2
Increment 17: Step Time=4.916
主变量: S, Min. Principal
变形变量:U 变形缩放系数: +1.000e+02

(a) *t*=4.92s

分析步: Step-2
Increment 37: Step Time=12.04
主变量: S, Min. Principal
变形变量:U 变形缩放系数: +1.000e+02

(b) *t*=12.04s

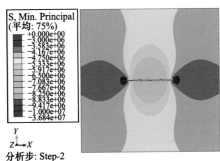
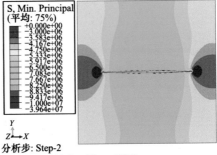

分析步: Step-2
Increment 74: Step Time=32.40
主变量: S, Min. Principal
变形变量:U 变形缩放系数: +1.000e+02

(c) *t*=32.40s

分析步: Step-2
Increment 164: Step Time=100.0
主变量: S, Min. Principal
变形变量:U 变形缩放系数: +1.000e+02

(d) *t*=100.00s

图 5.22 0°初始裂缝扩展过程中混凝土面板在不同时刻最大主应力云图(单位：Pa)

S, Min, Principal-由于 ABAQUS 中以拉应力为正，在此表示最大主应力；

Step-分析步；Increment-增量步；Step Time-当前分析步内的时间(后图相同)

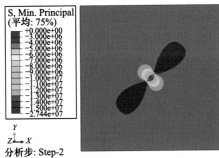
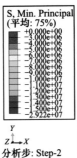

分析步: Step-2
Increment 23: Step Time=9.001
主变量: S, Min. Principal
变形变量:U 变形缩放系数: +1.000e+02

(a) *t*=9.00s

分析步: Step-2
Increment 45: Step Time=17.40
主变量: S, Min. Principal
变形变量:U 变形缩放系数: +1.000e+02

(b) *t*=17.40s

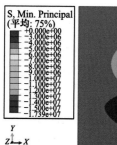

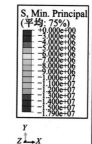

分析步: Step-2
Increment 84: Step Time=31.76
主变量: S, Min. Principal
变形变量:U 变形缩放系数: +1.000e+02

(c) t=31.76s

分析步: Step-2
Increment 236: Step Time=100.0
主变量: S, Min. Principal
变形变量:U 变形缩放系数: +1.000e+02

(d) t=100.00s

图 5.24 45°初始裂缝扩展过程中混凝土面板不同时刻最大主应力云图(单位：Pa)

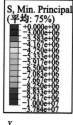

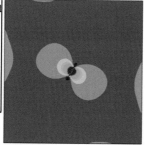

分析步: Step-2
Increment 36: Step Time=8.245
主变量: S, Min. Principal
变形变量:U 变形缩放系数: +1.000e+02

(a) t=8.25s

分析步: Step-2
Increment 100: Step Time=21.60
主变量: S, Min. Principal
变形变量:U 变形缩放系数: +1.000e+02

(b) t=21.60s

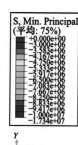

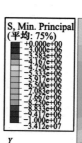

分析步: Step-2
Increment 182: Step Time=53.34
主变量: S, Min. Principal
变形变量:U 变形缩放系数: +1.000e+02

(c) t=53.34s

分析步: Step-2
Increment 247: Step Time=100.0
主变量: S, Min. Principal
变形变量:U 变形缩放系数: +1.000e+02

(d) t=100.00s

图 5.26 60°初始裂缝扩展过程中混凝土面板不同时刻最大主应力云图(单位：Pa)

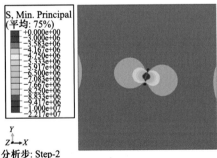
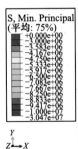

分析步: Step-2
Increment 170: Step Time=6.872
主变量: S, Min. Principal
变形变量:U 变形缩放系数: +1.000e+02

(a) t=6.87s

分析步: Step-2
Increment 205: Step Time=12.04
主变量: S, Min. Principal
变形变量:U 变形缩放系数: +1.000e+02

(b) t=12.04s

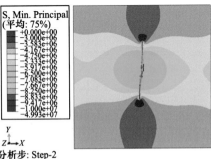
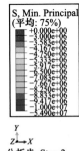

分析步: Step-2
Increment 323: Step Time=43.31
主变量: S, Min. Principal
变形变量:U 变形缩放系数: +1.000e+02

(c) t=43.31s

分析步: Step-2
Increment 419: Step Time=100.0
主变量: S, Min. Principal
变形变量:U 变形缩放系数: +1.000e+02

(d) t=100.00s

图 5.28　75°初始裂缝扩展过程中混凝土面板不同时刻最大主应力云图(单位：Pa)

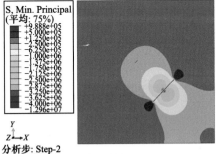

分析步: Step-2
Increment 49: Step Time=44.86
主变量: S, Min. Principal
变形变量:U 变形缩放系数: +1.000e+02

(a) t=44.86s

分析步: Step-2
Increment 120: Step Time=200.0
主变量: S, Min. Principal
变形变量:U 变形缩放系数: +1.000e+02

(b) t=200.00s

图 5.31　方案一裂缝 a 中心点施加水压力时混凝土面板不同时刻最大主应力云图(单位：Pa)

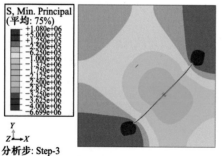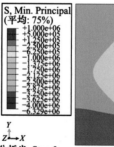

分析步: Step-3
Increment 7: Step Time=2.025
主变量: S, Min. Principal
变形变量:U 变形缩放系数: +1.000e+02

(a) *t*=202.02s

分析步: Step-3
Increment 20: Step Time=360.0
主变量: S, Min. Principal
变形变量:U 变形缩放系数: +1.000e+02

(b) *t*=560.00s

图 5.32 方案一停止施压时混凝土面板不同时刻最大主应力云图(单位：Pa)

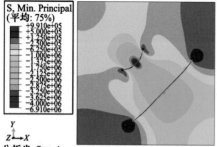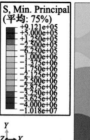

分析步: Step-4
Increment 98: Step Time=35.44
主变量: S, Min. Principal
变形变量:U 变形缩放系数: +1.000e+02

(a) *t*=595.44s

分析步: Step-4
Increment 206: Step Time=100.0
主变量: S, Min. Principal
变形变量:U 变形缩放系数: +1.000e+02

(b) *t*=660.00s

图 5.33 方案一裂缝 b 中心点施加水压力时混凝土面板不同时刻最大主应力云图(单位：Pa)

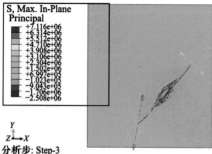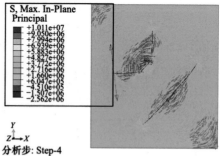

分析步: Step-3
Increment 20: Step Time=360.0
主变量: S, Max. In-Plane Principal
变形变量:U 变形缩放系数: +1.000e+02

(a) 方案一裂缝a启裂后

分析步: Step-4
Increment 206: Step Time=100.0
主变量: S, Max. In-Plane Principal
变形变量:U 变形缩放系数: +1.000e+02

(b) 方案一裂缝b启裂后

图 5.34 方案一混凝土面板不同时刻最小主应力矢量图(单位：Pa)
S, Max. In-Plane Principal-最小主平面应力

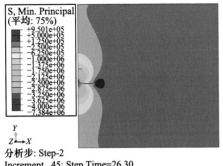
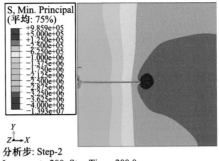

(a) *t*=26.30s
(b) *t*=200.00s

图 5.36　方案二裂缝 a 左侧边缘点施加水压力时混凝土面板不同时刻最大主应力云图(单位：Pa)

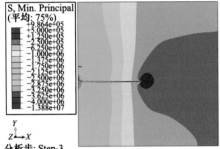
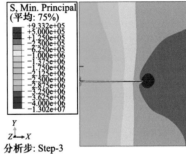

(a) *t*=200.39s
(b) *t*=560.00s

图 5.37　方案二停止施压时混凝土面板不同时刻最大主应力云图(单位：Pa)

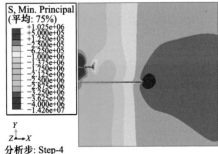
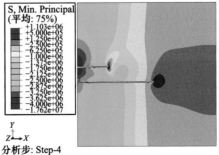

(a) *t*=586.74s
(b) *t*=660.00s

图 5.38　方案二裂缝 b 左侧边缘点施加水压力时混凝土面板不同时刻最大主应力云图(单位：Pa)

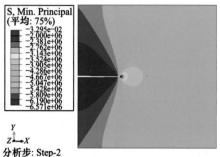

分析步: Step-2
Increment 4: Step Time=4.500
主变量: S, Min. Principal
变形变量:U 变形缩放系数: +1.000e+02

(a) t=4.50s

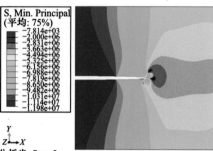

分析步: Step-2
Increment 11: Step Time=25.14
主变量: S, Min. Principal
变形变量:U 变形缩放系数: +1.000e+02

(b) t=25.14s

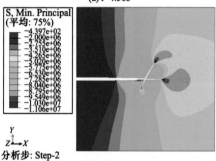

分析步: Step-2
Increment 15: Step Time=25.17
主变量: S, Min. Principal
变形变量:U 变形缩放系数: +1.000e+02

(c) t=25.17s

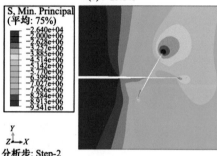

分析步: Step-2
Increment 26: Step Time=25.22
主变量: S, Min. Principal
变形变量:U 变形缩放系数: +1.000e+02

(d) t=25.22s

图 5.43 水力裂缝与微裂缝相交过程不同时刻混凝土面板最大主应力云图(单位：Pa)

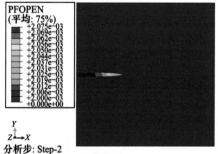

分析步: Step-2
Increment 6: Step Time=10.12
主变量: PFOPEN
变形变量:U 变形缩放系数: +2.000e+02

(a) t=10.12s

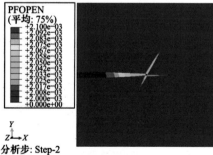

分析步: Step-2
Increment 19: Step Time=25.19
主变量: PFOPEN
变形变量:U 变形缩放系数: +2.000e+02

(b) t=25.19s

图 5.44 水力裂缝与微裂缝相交过程不同时刻裂缝宽度示意图(单位：m)

PFOPEN-裂缝宽度